ESG與
現代法律實務

律師想早點告訴你的事

ESG
Environmental
Social
Governance

萬國法律事務所 著

五南圖書出版公司 印行

　　萬國法律事務所「新創暨社會創新法制小組」2024 年專書《ESG 與現代法律實務——律師想早點告訴你的事》出版，甚感欣喜。

　　萬國法律基金會於 2023 年成立「萬國法規暨政策研究中心」，發展重心包括：國家發展及國家安全法制、能源法制、數位法制、企業永續、文化創意。本專書的出版，除了是萬國法律事務所「新創暨社會創新法制小組」長年以來耕耘的結晶外，也是「萬國法規暨政策研究中心」發展重心之一「企業永續」的具體體現。

　　企業永續經營是 ESG 的重要課題之一，提供法律專業服務的法律事務所不能在這個重要舞臺缺席。法律事務所在 ESG 相關議題裡可以扮演什麼角色，作者群透過這本書，對國內企業界傳遞了重要而具體的訊息。

　　萬國法律事務所於 1974 年成立，2024 年為萬國法律事務所成立的第 50 週年，事務所營運本身，也朝向永續經營的目標持續努力。我們深信萬國法律事務所必將以其所秉持前瞻眼光及研究熱忱，以本專書的出版為起點，持續深化 ESG 領域的耕耘。是為序。

萬國法律事務所所長
郭雨嵐
2024 年 7 月吉日

　　ESG 的事，是你我的事，也是現代企業都必須知道的事。

　　公司以營利為目的，曾經是大家毫無爭議的共同理解。1999 年，聯合國秘書長科菲‧安南（Kofi Anan）正式倡議，將「營利」從主觀角度，轉換為群體利益思考，是針對後全球化時代重要的思維啟蒙。在此脈絡下，2004 年更進一步具體化為環境保護（Environment）、社會責任（Social）和公司治理（Governance）三面向，甚至在 2015 年設立以 2030 年永續發展為目標的 17 項質性發展指標，即現已較為人熟知的 SDGs（sustainable development goals）。

　　我國《公司法》也在 2018 年修正，《公司法》第 1 條第 2 項增訂：「公司經營業務，應遵守法令及商業倫理規範，得採行增進公共利益之行為，以善盡其社會責任。」開始以法規層面介入公司 ESG 事項。尤以，ESG 係來自於全球化之後的商業思維啟蒙，並獲有力的消費者團體重視與支持，在國際上發展快速，雖然受地緣因素影響，各國法制步調不同，但終局消費市場上，例如，歐美消費者開始普遍關心鞋類產製的過程是否涉及婦幼勞權、成衣原料如棉花產製是否正當、電子產品如手機產製及零件供應的碳排放如何……如此均對於大型業者產生壓力與影響，其亦開始轉而以較高標準要求上游供應商必須遵循，身為世界供應鏈一環重要成員

的臺灣業者,自然無法置身事外。

　　因此,ESG 其實是對當代企業全面化的影響,是參與現代商業市場必須具備的基礎思維,絕非僅為少數人及少數公司的事。我國從《公司法》開始,經由金融監理逐漸對特定規模產業從引導開始,隨時間進展逐漸強制要求並擴大適用相關規範,所以 ESG 不僅是理想性的實踐,更是企業法律遵循所不可不知。

　　萬國法律事務所自 2020 年 1 月 1 日起即成立新創暨社會創新法制小組(含其前身),與來自財會、產業專家一起研析國內外 ESG 最新資訊、法規動態等,進行每月的研修會議、主題演講、成果發表等,迄今已逾 4 年,是臺灣法律事務所之中歷史最悠久且持續研析 ESG 相關議題的組織,目前有 13 名律師經常參與討論研究。

　　本書是該小組專家成員考量臺灣 ESG 相關法制實務發展情勢,體系化彙集相關議題,共同創作以提供產業參考的資訊,與坊間一般多偏重抽象討論 ESG 或企業社會責任不同,他們都是有實務經驗,具體協助過企業產製報告書,提供應對建議的專家,相信能提供讀者更多有助益且可具體操作的訊息,期盼與各界廣泛交流,也敬請進一步賜教。

萬國法律事務所資深合夥律師

林發立

2024 年 7 月吉日

ESG 衍生的法律議題，律師想早一點告訴你的事其實不少。

ESG 看似是個嶄新的概念，但將 ESG 進行拆解後的環境、社會及公司治理等三大要素，其實都是大家再熟悉不過的詞彙。那麼既然本質上不是全新的概念，為何 ESG 在這幾年受到企業界如此多的關注？從制度面的角度觀察，臺灣政府近年來實質強化 ESG 相關資訊揭露制度，以及為了 2050 年淨零排放目標的相關減碳機制的推動，可說是引導國內企業界關注 ESG 議題的兩大引擎。

企業界面臨 ESG 資訊揭露及減碳機制等法律制度面的挑戰，除了在公司內部增聘相關人力外，也經常需要委託外部專業人士尋求專業協助。在委外的部分，因為這幾年 ESG 的實務需求集中在資訊揭露及減碳機制的對應，國內企業一般傾向認為 ESG 議題跟法律較無直接關聯，而優先尋求會計師事務所或顧問公司的協助，以至於律師在 ESG 相關領域為企業提供服務的機會並不多。另外，雖然紛爭解決向來是律師的主要業務，但因 ESG 議題所衍生的訴訟爭議案件在國內尚屬少見，多半止於抽象性論述或少數個案的討論。也因此，國內企業界對於律師在 ESG 這個議題可發揮的角色為何，其實認知非常有限。

ESG 的每一個要素，都跟法律脫不了關係。除了前述 ESG 資訊揭露、減碳機制，以及 ESG 議題所衍生的法律紛

爭外，從企業內部關係來看，公司董事會應如何面對 ESG 議題、公司如何建構 ESG 執行組織及監督體制等，每個都是法律議題。另外從企業對外關係來看，公司如何就 ESG 議題與股東等利害關係人進行良好的溝通，ESG 已實質上影響了企業併購實務運作、智慧財產權、《公平交易法》等法領域，也已衍生了一連串的法律議題。

　　企業界宜及早掌握前述各項議題，並做出適切的因應。本書作者群從法律實務面切入，提供企業界切中要害的分析。本書綜觀 ESG 議題對臺灣法制產生的重要實質衝擊及影響，讀者可透過本書，有效率地全盤掌握 ESG 的主要法律議題。

　　非常感謝本書的諸位作者，在繁忙的業務中，撥空撰寫本書各篇章。在本書正式出版前，曾數度面臨接近放棄的地步，但各作者秉持在 ESG 領域持續耕耘的共同理念，克服萬難地共同完成了這本著作。除了作者之外，在這本書即將完稿之際，正巧在萬國法律事務所擔任實習律師的謝季純、高梓鈞兩位法界後起之秀亦協助校稿，他們攻讀碩士學位期間的研究議題正巧都跟 ESG 議題有關，也希望這本書的校稿作業可以成為他們未來回顧實習階段時的一些特別回憶。

萬國法律事務所合夥律師

陳文智

2024 年 7 月吉日

目次

Chapter 1

ESG 與法律：
可持續發展的法律視角

　　ESG 看似是個嶄新的概念，但從 ESG 的本質觀察，拆解後的環境、社會及公司治理等三大要素，其實都是大家再熟悉不過的詞彙。然而，近年來透過 ESG 的詞彙包裝、媒體宣傳、國際組織及國內政府的大力推廣等，已讓人產生耳目一新的感覺。企業在面對 ESG 相關議題時，除了法律面的強制性要求外，也常因來自客戶端的要求，需另外花成本及精力，盡力去掌握這些新的做法，並做出必要的調適。

　　本書作者是服務於國內著名大型法律事務所的一群律師，平常服務為數眾多的企業客戶，也相當瞭解企業近年來在 ESG 這個議題所面臨的諸多挑戰。ESG 議題涉及的面向甚廣，本書作者群主要從法律觀點，提供企業客戶面對 ESG 議題調適的相關服務，也理解到 ESG 確實衝擊了不少企業客戶所面對的法律議題。

　　本書主要的目的，在於希望透過作者群平常服務企業客戶的實務經驗，把企業客戶最關心，而且也是應該關心的幾個 ESG 所影響及衝擊的主要法律議題，彙整成冊，並做系統性地分析。當然，若將 ESG 涉及的議題聚焦在企業可能面對的法律議題面向，光憑一本書，是無法窮盡 ESG 所涉及的所有法律議題。況且 ESG 跟永續發展及永續經營的概念有所重疊，ESG 的相關法律，隨著永續發展及永續經營的概念發展，其實也一直在變化，且持續衍生出新的法律議題。因此，ESG 的相關法律議題本身，也可以說是屬於永續而可以持續發展的概念。作者群希望透過本書，讓讀者可以有效率、通盤性地掌握ESG相關法律議題的發展現況及未來展望。

　　以下，謹介紹本書的書寫結構及主題大綱。

　　第一，因為公司面對 ESG 相關議題，首先要思考公司是

否及應採取何種態度來因應。其中，關鍵之一就是負責公司決策的董事會，因為董事會成員的態度將影響該公司就 ESG 議題的因應及做法。作者群在 Chapter 2 中，從比較宏觀的角度，探討公司董事會如何自 ESG 議題的觀點著手採取行動、董事會應注重 ESG 的理由，以及董事會應如何檢討 ESG 要素的議題。

董事會是負責比較高階層次議題的決策組織體，實際上有關 ESG 的執行面，企業還是要透過其他組織體來進行規劃及執行。目前上市（櫃）公司常見的永續發展委員會，便是企業內部策劃及推動 ESG 議題的重要組織體，作者群將會在 Chapter 3 介紹臺灣實務現況，分析上市（櫃）公司所扮演的機能角色，並參考國外立法例及實務，提供一些不同的思考模式。

Chapter 4 則是探討近年來上市（櫃）公司賦予比較多關注的 ESG 資訊揭露議題。ESG 資訊揭露，除了上市（櫃）公司近年來已經逐漸普及化的 ESG 報告書外，例如公開資訊觀測站上的「企業 ESG 資訊揭露」的整合性資料等，也逐一滲透到上市（櫃）公司的資訊揭露作業裡。這些都造成上市（櫃）公司需投入更多成本在 ESG 資訊揭露相關議題，但從另外一個角度觀察，投資人等利害關係人也更容易取得上市（櫃）公司的 ESG 相關資訊。

以上幾個篇章，主要是著重在企業就這幾年盛行的 ESG 概念，公司本身要做出的因應及相關影響。作者群在 Chapter 5 會從企業考慮併購其他公司，或被其他公司併購時的面向，介紹 ESG 要素近年來在併購實務上所帶來的影響；該章會從三個角度切入：(1) ESG 是否已經成為公司在決定是否進行企

業併購活動的考量要素之一？(2) ESG 是否影響到企業併購交易的執行過程（包括實地查核及併購契約條款）？(3) 企業併購完成後的整合階段，ESG 有無產生什麼影響？

　　第二，Chapter 6 介紹的是在臺灣國內討論度似乎並不高，但臺灣上市（櫃）公司已採納之概念，且逐漸導入公司營運的一環，即所謂的「人權盡職調查」的概念及發展現況。人權是一個非常上位的概念，愈是上位的概念，愈是抽象，所以單看這個詞彙，會讓人有不知其所以然的感覺。但透過該章的說明，讀者應該可以清楚掌握到，人權盡職調查所指的「人權」，主要關注對象是勞工權，但較具特色的是，不只是自家公司的勞工，還擴大到供應鏈及客戶的勞工。

　　第三，筆者群中有部分成員是專精於智慧財產權相關法律服務的律師，其留意到即便 ESG 的風潮已經盛行多年，但在臺灣國內，ESG 議題跟智慧財產權所碰撞出的火花似乎並不多。因此，作者群在 Chapter 7 從循環經濟的相關規範切入，再進一步於 Chapter 8 發展與循環經濟概念相關的「維修權」議題，討論 ESG 在智慧財產權相關法制下的定位，以及 ESG 對智慧財產權相關規定所帶來的影響。

　　第四，在競爭法的領域，也就是國內《公平交易法》所規範的法律議題，國內討論 ESG 與競爭法交集的相關議題，大多集中在洗綠（greenwashing）與廣告不實的問題，至於其他競爭法重要議題並不多見。在國外，舉歐盟、日本為例，就 ESG 對聯合行為及結合申報相關領域的衝擊和影響，除了有實際案例外，歐盟、日本政府都已制定相關規範或提供相關指引，供企業遵循及參考。在 Chapter 9 會有較多外國相關現況的介紹。

　　第五，本書以 ESG 產生的相關訴訟議題作為中心討論的收尾。近年來在國內已陸陸續續有不少文章及研討會就此議題進行討論，關注的焦點較多聚焦在永續報告書揭露不實所產生的《證券交易法》（下稱「證交法」）相關責任。Chapter 10 除了會統整近年來國內討論這個議題的幾個重點外，也會參考國外發展情形，提出一些觀察及未來展望。

　　需再次強調者為，僅憑一本書，無法窮盡 ESG 所涉及的所有法律議題，而探討 ESG 所涉及的所有法律議題，也不是本書的目的。但仍期待讀者能透過本書，有效率地掌握 ESG 相關法律議題的過去、現在及未來。

Memo

Chapter 2

ESG 對公司經營層（董事會）的衝擊

在 2015 年聯合國宣布了「2030 永續發展目標」，提出 17 項永續發展目標（sustainable development goals, SDGs）後，「永續發展」、「ESG」、「SDGs」這些關鍵字就經常出現在報章雜誌，並逐漸吸引社會大眾的目光。我國政府也由行政院國家永續發展委員會銜命討論臺灣版 SDGs，臺灣永續發展目標於 2018 年制定並於 2022 年修訂，並羅列 18 項永續發展目標。但是在全球各國傾國家之力推動 SDGs 時，令人不禁疑惑的是，既然我國《公司法》長久以來都已經明定公司是以營利為目的成立的組織，而永續發展未必能帶來公司直接的利潤，那又為何需要關注永續發展議題？本書以此問題作為有關永續發展議題探討的開端。

Q1 為什麼公司經營層需要關注永續發展議題？

此議題可以從法制面、籌資面及經營面等三大面向加以思考，分別敘述如下：

(1) 法制面：法令強化對公司揭露永續發展議題之要求，並明定公司社會責任

①《公司法》明定公司具有「公司社會責任」之義務

我國《公司法》雖然長久以來皆於第 1 條明定公司係以營

利爲目的成立之組織，此公司體制本質上的限制，造成公司在進行公益性相關行爲時產生適法性的疑慮。而爲呼應一直以來企業社會責任的倡議，在 2018 年修正《公司法》時，新增第 1 條第 2 項規定，揭櫫公司經營業務，應遵守法令及商業倫理規範，得採行增進公共利益之行爲，以善盡其**社會責任**。立法者於修正理由說明：「公司社會責任之內涵包括：公司應遵守法令；應考量倫理因素，採取一般被認爲係適當負責任之商業行爲；得爲公共福祉、人道主義及慈善之目的，捐獻合理數目之資源。」

基此，前述規定雖然並無訂定罰則處罰公司未善盡社會責任的情形，而僅止於宣示性規定，惟已可窺得不論公司本身規模或是組織類型、股票是否公開發行，主管機關對於「公司」組織體是否得進行營利目的以外的行爲，已解除其本質上的枷鎖，甚可謂帶有對「公司」的期待，並透過下述②相關法令推進經營層應將環境、社會及公司治理的永續議題納入經營策略的重視度。

②主管機關強化公開發行公司應對永續發展議題的揭露義務，並應達成特定的永續發展目標

A. 以柔性規章鼓勵公司重視「永續發展」議題

雖然永續發展議題係於近幾年來始攫取社會大眾的關注，實際上不論是政府組織或非政府組織，均以各種倡議來喚起公眾的重視。金融監督管理委員會（下稱「金管會」）近

年來已逐步發布「綠色金融行動方案 3.0[1]」、「公司治理 3.0 － 永續發展藍圖[2]」等，不論是從外部籌資面，或是公司自身經營面，均不諱言地於政策上積極宣示，對於公司在永續發展議題履行情形的重視。其中，由於上市（櫃）公司受政府監理強度較高，率先要求上市（櫃）公司因應相關議題自然是首步推行的方向。而受到主管機關的政策影響，我國各證券交易所亦透過柔性規章就經營上風險的角度，鼓勵上市（櫃）公司經營層應積極應對永續發展議題。例如，依據臺灣證券交易所股份有限公司（下稱「證交所」）及財團法人中華民國證券櫃檯買賣中心（下稱「櫃買中心」）早於 2010 年即已訂定《上市上櫃公司企業社會責任實務守則》（於 2021 年更名為《上市上櫃公司永續發展實務守則》），第 1 條第 2 項規定：「上市上櫃公司宜參照本守則訂定公司本身之永續發展守則，以管理其對經濟、環境及社會風險與影響。」明確要求公司應關注永續發展議題所帶來的風險。

---

[1]　金管會自2017年起開始推動「綠色金融」，從2017年的1.0到2020年的2.0方案，於2022年9月26日推出「綠色金融行動方案3.0」可參金管會2022年9月26日新聞稿，https://www.fsc.gov.tw/ch/home.jsp?id=96&parentpath=0,2&mcustomize=news_view.jsp&dataserno=202209260001&dtable=News（最後瀏覽日：2024年5月27日）。

[2]　金管會之「公司治理3.0－永續發展藍圖」以「強化董事會職能，提升企業永續價值」、「提高資訊透明度，促進永續經營」、「強化利害關係人溝通，營造良好互動管道」、「接軌國際規範，引導盡職治理」，以及「深化公司永續治理文化，提供多元化商品」等5大主軸為中心，訂定39項推動措施，可參金管會專區，https://www.sfb.gov.tw/ch/home.jsp?id=992&parentpath=0,8,882,884（最後瀏覽日：2024年5月27日）。

B. 公司年報及永續報告書之強制揭露要求

　　除了柔性規章的要求，事實上我國主管機關自 2007 年修正《公開發行公司年報應行記載事項準則》，即已著眼於對公司內部控制制度之重視，率先要求公司應於年報中記載「公司治理報告」以揭露內部控制情形[3]，2011 年修正時更進一步早於 2018 年《公司法》修正，要求公開發行公司應揭露「履行社會責任情形[4]」。而證交所及櫃買中心公布之《上市公司編製與申報永續報告書作業辦法》（原《上市公司編製與申報企業社會責任報告書作業辦法》），除要求企業考量全球永續性報告協會（Global Reporting Initiative, GRI）、永續會計準則理事會（Sustainability Accounting Standards Board, SASB）等國際準則編製永續報告書外，更參考氣候相關財務揭露（Task Force on Climate-related Financial Disclosures, TCFD）之規定，於 2023 年起陸續要求上市（櫃）公司應以專章揭露氣候相關資訊。

　　在金管會於 2023 年 10 月發布自 2026 年起上市（櫃）公司年報需陸續接軌國際財務報導準則（International Financial Reporting Standards, IFRS）永續揭露準則之政策後，未來對於永續發展資訊的揭露方式及相關揭露資訊之法律責任，更將成為公司及經營層應密切關注的議題。

---

[3]　2008年12月25日修正《公開發行公司年報應行記載事項準則》第10條規定。

[4]　2011年1月12日修正《公開發行公司年報應行記載事項準則》第10條規定。履行社會責任情形包含公司對環保、社區參與、社會貢獻、社會服務、社會公益、消費者權益、人權、安全衛生與其他社會責任活動所採行之制度、措施及履行。

C. 溫室氣體盤查及查證之強制要求

依「上市櫃公司永續發展路徑圖」，金管會對於溫室氣體的「盤查」及「查證」，依上市（櫃）公司之規模及業別，以及適用範圍限於本公司或合併報表之子公司，共設定了四個階段，最遲將於 2027 年完成全體上市（櫃）公司含其合併報表子公司之「溫室氣體盤查」；並最遲應於 2029 年完成全體上市櫃公司含其合併報表子公司之「溫室氣體查證」。溫室氣體盤查或查證雖僅是 SDGs 其中之一項目標，但從此施政方式得窺見主管機關會以強制方式要求符合一定資格的公司達成 SDGs，公司及經營層除須關注眼前已存在的強制要求外，更應留意日後是否亦有類似的 SDGs 被強制要求具體落實。

(2) 籌資面：銀行、投資人等利害關係人對永續發展議題的關注

銀行等金融機構作為企業籌資最重要的管道，金管會於「綠色金融行動方案 3.0」中，除鼓勵金融機構發展綠色債券等綠色金融商品外，亦鼓勵其參考「永續經濟活動認定參考指引[5]」進行融資評估。實務上亦有所悉金融機構之放款，除針對綠色能源事業提供更多融資方案優惠外，於盡職調查中亦納入永續發展議題的調查（如赤道原則之盡職調查等），以及要求高耗能、高污染產業的客戶應具體說明改善措施之執行情形以

---

[5]　由金管會與環境部、經濟部、交通部、內政部於2022年12月8日共同公告之「永續經濟活動認定參考指引」，可參金管會永續金融網，https://esg.fsc.gov.tw/SinglePage/Product/（最後瀏覽日：2024年5月27日）。

評估是否提供融資。因此，一般公司如擬爭取金融機構提供較優惠之營運資金相關融資授信方案時，透過於公司內部推行永續發展政策，將會讓其在與金融機構交涉融資時有更多談判的籌碼。

此外，金管會亦透過證交所的營業規定，要求法人投資人應重視永續發展議題。我國證交所早於 2016 年訂定「機構投資人盡職治理守則」（下稱「盡職治理守則」），並歷年修正、逐步要求機構投資人應明確揭露機構投資人「參與被投資公司之公司治理情形」，作為機構投資人應達成之「盡職治理」；以及將「兼顧被投資公司之永續發展」納入盡職治理原則遵循指引，作為兩大前提[6]，要求機構投資人揭露其治理政策及執行情形。

事實上，國內機構投資人的治理報告、投票紀錄、投票政策、遵循聲明、議合情形等，目前均揭露於中華民國證券商業同業公會網站「機構投資人盡職治理專區」[7]，證交所每年就前述揭露情形進行評鑑及指正缺失。在此一要求之下，機構投資人為了配合前述資訊揭露義務，可預見其對於被投資公司如何對應永續發展議題之處理情形，以及於股東會對相關議題的意見表達（投票意向、股東提案權）將更為積極。相較於國外，目前臺灣與永續發展相關的股東提案較少，而公司董事會原則上於審議股東一般提案時，得依照《公司法》第 172 條之 1 各項規定斟酌該等提案是否列入股東會議案，惟公司仍應留意同

---

[6] 可參盡職治理守則第五章原則遵循指引。

[7] 可參證券商業同業公會網站「機構投資人盡職治理專區」之揭露資訊，https://www.twsa.org.tw/TWSA_SP/index.html（最後瀏覽日：2024年5月27日）。

條第 5 項規定，如股東提案係為敦促公司增進公共利益或善盡社會責任之建議，縱使超過提案數量上限，法律允許董事會仍得列入議案，建議公司董事會應予以參考以減少相關爭議。

而在一般投資人方面，在經歷過食安風暴、環境污染等重大社會事件後，於公司法令遵循及永續發展議題上，除了加深對公司之企業社會責任履行情形的關注外，更充分認知到如公司未確實因應永續發展議題，更可能造成企業價值之負面印象，而直接影響公司股價，造成投資人的獲利下降。因此，於選擇投資標的時，除考量投資標的公司的獲利情形等財務資訊外，標的公司的永續發展議題執行及相關法令遵循情形等非財務資訊亦已逐漸納入其投資考量，而重視永續發展議題的公司亦為部分投資人選擇投資標的時的好題材。

從 ESG 基金相關數據顯示[8]，截至 2024 年 4 月為止，我國境內已發行 49 檔 ESG 基金，國人投資之基金總額達新臺幣（下同）5,358 億元，而在臺募集的境外 ESG 基金亦有 84 檔，國人投資之基金總額達 844 億元。對於這股永續發展投資風潮，金管會也祭出相關治理審查原則，就得標榜環境、社會與治理相關主題之基金募集要件訂定標準[9]，並公布於「ESG 基金

---

[8] 中華民國證券投資信託暨顧問商業同業公會「投信投顧產業ESG永續發展轉型專區」，https://www.sitca.org.tw/ROC/SITCA_ESG1/ESG_Fund_Data1.aspx（最後瀏覽日：2024年5月27日）。

[9] 可參「有關證券投資信託事業發行環境、社會與治理（ESG）相關主題證券投資信託基金之資訊揭露事項審查監理原則（金管會110年7月2日金管證投字第1100362463號函）」及「有關總代理人募集及銷售環境、社會與治理（ESG）相關主題之境外基金，投資人須知應載明事項（金管會111年1月11日金管證投字第11003655363號函）」。

專區 [10]」，使投資人得以辨明基金類型及該基金之 ESG 投資情形，這股 ESG 投資熱潮，也會帶給公司正向推力，使之繼續推展永續發展政策的執行以獲得投資人的青睞。

(3) 經營面：企業價值的提升及作為供應商之因應

實務上經常透過企業併購方式以擴大集團發展及增加投資收益。倘大型企業或私募基金擬透過企業併購方式（如收購其他公司）以擴展公司業務或獲取利益時，通常會透過法令、財務甚至是環境盡職調查的方式以評估企業價值及風險。由於相關法令規章均一再要求大型企業及機構投資人應重視永續發展議題及具體執行的情況，因此目前實務上在併購前的盡職調查，均已將標的公司於永續發展的執行情形（環境、社會、治理及相關法令遵循）納入調查範圍及評價要素之一。此一趨勢，促使公司經營層在考量公司營利及企業價值提升的觀點的情形下，自然會為了追求企業價值而將永續發展議題納入經營政策的考慮要素。

而大型企業作為相關永續發展議題法令的直接適用對象，為了配合相關法規之要求，自然需要盤點供應商永續發展議題的執行狀況，除實務上已採行多年的供應商廉潔聲明書外，大型公司更進一步執行供應商永續採購政策、供應商評鑑制度以回應相關法令之要求。例如，近年可看到美商蘋果公司之臺灣供應鏈，為配合其加入 RE100 倡議的政策執行，不乏

可看到相關供應鏈廠商積極採購再生能源、執行減碳排放政策及重視員工人權措施。

　　此外，由於受到《聯合國工商企業與人權指導原則》（*United Nations Guiding Principles on Business and Human Rights*, UNGPs）、《OECD 多國籍企業指導綱領》（*OECD Guidelines for Multinational Enterprises*）、《OECD 責任商業行為盡職調查指南》（*OECD Due Diligence Guidance for Responsible Business Conduct*），目前國內外普遍重視跨國企業經營上相關的人權勞工議題，強調「責任商業行為」的重要性。在臺灣，行政院已於 2020 年訂定「企業與人權國家行動計畫」，經濟部亦擬於今年公布《臺灣供應鏈企業尊重人權指引》[11]。事實上，目前臺灣大型公司亦有意識到其重要性，已自行進行內部「人權盡職調查」，並揭露調查結果於公司網站中。未來如何執行人權盡職調查，以及研擬、執行企業人權政策，亦屬公司應關注之重要議題。

　　承上說明，無論是在法令面、籌資面或經營面，皆可見在現行社會的法規制度和氛圍下，公司的經營愈來愈無法悖離 SDGs 而獨善其身。公司及經營層更應深切明瞭公司目前之處境，而積極地對於目前之目標及要求做出正面的回應。而此種對於遵守 SDGs 之要求，今後應該也只會愈來愈廣泛及嚴格，

---

[11] 經濟部已公布《臺灣供應鏈企業尊重人權指引》草案，並於2024年4月1日舉辦《臺灣供應鏈企業尊重人權指引》草案利害關係社群公眾諮詢會議，可參臺灣企業人權入口網之資訊，https://investtaiwan.nat.gov.tw/bhr/zh-tw/article/57（最後瀏覽日：2024年5月27日）。

甚難想像再走回頭路，盡早在知識面及心態面進行調適，也是公司經營層目前不得不知的當務之急！

Q2 公司可以透過何種方式應對永續發展議題？

2

　　為使決定公司策略之經營階層（如董事／董事會）積極應對永續發展議題，目前實務上不乏透過倡議或以下方式應對永續發展議題，例如：

(1) 強化公司內部法令遵循機制以辨識管理經營上之風險

　　由於相關法令已逐步要求公司應揭露永續發展資訊，以及基於《氣候變遷因應法》之施行，而開始實施碳費徵收、碳減量的政策，公司如何快速掌握業務面應遵循之相關法令，以減少因牴觸法律所生之風險（包含揭露永續資訊義務及報告書編製、智慧財產權法、競爭法、訴訟等），非法律風險則需要透過內部控制制度輔以專責組織來執行。前述各主題相關說明詳請參照本書各章節內容。

(2) 設置專責組織並建構永續發展管理之監督體制

　　就上市（櫃）公司，依「上市上櫃公司永續發展實務守

則」第 7 條第 3 項規定，要求上市（櫃）公司針對營運活動所產生之經濟、環境及社會議題，應由董事會授權高階管理階層處理及追蹤處理情形，並建議董事會得依據公司規模、業務類型設置委員會等專責組織，強化應對處理之作業流程。

此外，於設置專責組織以統籌規劃、執行外，對於相關永續發展議題的處理，永續發展政策執行的監督機制亦相當重要，例如，相對於專責執行組織，得考慮透過獨立董事、企業內部稽核部門建構監督體制以實際監督執行情形，並時時確認法規的更迭情形。

(3) 將永續發展議題納入公司中長期經營計畫

透過將永續發展戰略納入公司中長期經營計畫，則除卻公司經營權大幅變動或經營業務變更的特殊情況，公司經營層在經營決策上一般會一併考慮相關經營政策所涉及的永續發展議題及相關風險。

(4) 將永續發展推行績效納入董事報酬制度

由於董事／董事會對於企業的經營績效，通常被視為董事之績效及報酬決定的考量要素之一，誠如前述說明，在籌資面及評價公司價值時，投資人已逐漸將永續發展議題的應對納入評估要素之一，公司如將董事／董事會如何處理永續發展風險的情形亦納入董事績效指標的評估要素中，得激勵董事／董事會對於永續發展議題的關注。

　　公司董事會作為公司之業務執行機構，依《公司法》第23 條對於公司負有善良管理人注意義務，在此永續發展議題及意識高漲的年代，輕忽此等議題或法令上之需求，造成公司受法令上制裁或受有一定不利益（如因不符合供應鏈需求而喪失龐大訂單）時，董事是否能全身而退？不無疑問。實則董事會及各董事，無論透過何種方式加以追蹤或落實永續發展議題，均有可能被解釋為屬於其對公司善良管理人注意義務之一環，因此公司董事自宜以更謹慎的態度來面對永續發展議題。

Memo

Chapter 3

ESG 執行組織及
監督體制的建構：
永續發展委員會

　　在全球永續經營意識方興未艾之際，各企業也開始思考如何落實 ESG 相關永續發展策略。面對相對陌生的評估標準，企業勢必需要在組織上進行調整，建構針對 ESG 之執行組織及監督機制，以茲因應。

　　目前企業內部針對 ESG 事項之執行及監督，常成立永續發展委員會或類似組織作為專責機構，本章將介紹永續發展委員會等組織現行規範，以及國內外設置情況等，並說明永續發展委員會得發揮之機能，以期產業界在規劃導入 ESG 相關規範及策略時，能有效選擇最合適的組織型態，使企業發展及實施永續發展策略時，得發揮最大之效果。

 目前臺灣關於永續發展委員會之相關規定為何？

　　目前我國對於永續發展委員會及永續發展議題執行之相關規定，主要體現於證交所及櫃買中心共同制定之實務守則中，包含：

(1)《上市上櫃公司治理實務守則》第 27 條第 1 項：「上市上櫃公司董事會為健全監督功能及強化管理機能，得考量公司規模、業務性質、董事會人數，設置審計、薪資報酬、提名、風險管理或其他各類功能性委員會，<u>並得基於企業社會責任與永續經營之理念，設置環保、企業社會責任或其他委員會，並明定於章程。</u>」

(2)《上市上櫃公司永續發展實務守則》第 7 條第 3 項：「<u>上市上櫃公司針對營運活動所產生之經濟、環境及社會議題，應由董事會授權高階管理階層處理</u>，並向董事會報告處理情形，其作業處理流程及各相關負責之人員應具體明確。」

　　由上述規定可知，我國就永續發展事務之執行、監督單位，目前就組織型態尚無強制規定，所以可能在董事會中組成功能性委員會討論處理 ESG 事務，亦可能由董事會將 ESG 相關任務授權公司高階管理階層或相關單位處理，再向董事會報告。從前開實務守則要求相關負責人員及流程應具體明確來看，未來可預期我國相關主管機關可能逐步要求企業就永續發展事務建立當責文化，並積極推動企業內部設置包含永續發展委員會在內之永續發展事務專責機構。

　　另外，金管會所發布之上市櫃公司永續發展行動方案（2023 年）[1]，針對推動上市（櫃）公司設置永續委員會（永續長）之政策中，也揭示為建立企業永續價值文化的目標，將於 2023 年訂定「永續發展委員會組織規程參考範例」，並研議強制企業設置之可行性，同時金管會鑑於接軌國際永續揭露準則之目標，也研擬推動配合國際永續準則理事會（International Sustainability Standards Board, ISSB）永續揭露準則等永續資訊內控相關規範，推動成立永續準則委員會。

　　對此，證交所已於 2024 年 3 月 29 日訂定《「○○股份有限公司永續發展委員會組織規程」參考範例》，供股份有限公

---

[1] 金管會2023年3月28日新聞稿，https://www.fsc.gov.tw/ch/home.jsp?id=96&parentpath=0,2&mcustomize=news_view.jsp&dataserno=202303280001&dtable=News（最後瀏覽日：2024年5月8日）。

司於訂定永續發展委員會組織規程時參考。其中,該參考範例第 4 條就組織型態規定:「本委員會成員人數不得少於三人,由董事會決議委任之,委員會成員資格應具備企業永續專業知識與能力,且至少一名董事參與督導。本委員會得視公司規模大小、產業性質或其他健全永續發展管理之情形,設立永續發展之專(兼)職單位,且得指派高階經理人擔任永續長,以確保本公司永續發展相關工作之推動。永續長或具相當職務之人得視各部門永續發展業務之需求,組成跨部門小組,執行永續發展事務。」應可成為未來各企業之參考。

表 3-1 參考範例第 6 條第 2 項建議之永續發展委員會跨部門小組

類型	主要職責
公司治理小組	負責公司治理之法令遵循、訂定合理之薪酬政策及員工績效考核制度、教育訓練,及利害關係人溝通機制,以實踐公司永續發展之目標。
永續環境小組	負責環境管理制度、遵循環境相關法規及國際準則等、評估永續轉型、提升資源使用率、氣候變遷因應機制,及設立環境管理專責單位或人員,以達成環境永續之目標。
社會公益小組	負責人權管理政策與程序、遵循人權相關法規及國際準則等、建立組織內所有成員(如員工、子公司、合資等)及價值鏈重要成員內外部溝通、評估相關風險及管理機制,及促進社區發展及文化發展,以達成永續經營之目標。
永續資訊揭露小組	負責永續資訊管理政策、遵循永續資訊揭露之相關法規及國際準則等,充分揭露具攸關性及可靠性之永續資訊,以提升永續資訊透明度。

　　從金管會最新的永續發展行動方案中所提及關於永續發展的目標，可以預期金管會未來可能仿照薪酬委員會、審計委員會等功能性委員會，加強永續發展委員會相關規定的管制力道，並於組織規程及其他參考規範完備後，逐步推動上市櫃公司設置永續發展委員會。另外，從前開證交所之《「○○股份有限公司永續發展委員會組織規程」參考範例》可知，未來永續發展委員會之組成及參與，除強調應有董事參與督導外，更建議公司指派高階經理人擔任永續長，並以跨部門小組之方式執行及監督永續事務之推動。

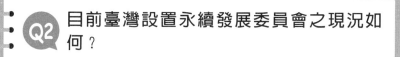

Q2 目前臺灣設置永續發展委員會之現況如何？

(1) 臺灣設置永續發展委員會之公司實際數量

　　根據公開資訊觀測站「設立功能性委員會及組織成員」的申報資料（截至 2023 年 11 月 15 日）[2]，目前於董事會中以功能性委員會型態設立永續發展委員會之公司，有上市公司 187 家（約 19.2%）、上櫃 76 家（約 9.3%）、興櫃 6 家（約 1.8%）。

　　與此對比，根據 Chief Executives for Corporate Purpose

---

[2]　https://mops.twse.com.tw/mops/web/t100sb03_1（最後瀏覽日：2024 年 5 月 8 日）。

（CECP）的 Global Impact at Scale 2022，針對全球 15 個國家所進行之調查，該調查中 134 家年營收超過 5 億美元之企業，約有 61% 設有永續發展或 ESG 委員會，另有約 37% 雖然未設置 ESG 專責單位，但定期將 ESG 議題納入董事會討論項目[3]。

　　由此可見，目前世界各國企業設置永續發展委員會以應對 ESG 議題已成為主要趨勢，且有相當之企業將 ESG 議題納入董事會討論事項的範圍，突顯企業對於 ESG 之重視。

(2) 臺灣設置永續發展委員會之未來動向　

　　目前除了在董事會中以功能性委員會之形式增設永續發展委員會外，有部分臺灣公開發行公司亦以其他形式設立 ESG 事務專責機構，例如（非董事會功能性委員會之）永續發展委員會、永續發展辦公室、CSR 委員會等。不過，未來假如主管機關及國際性準則如永續會計準則理事會（SASB）或 ISSB 等，有意朝企業於董事會中設置永續發展委員會的方向，推動 ESG 議題之實踐，可以預想未來將有更多上市（櫃）公司乃至於公開發行公司在董事會中設置永續發展委員會，在此逐步推進之過程中，除了 ESG 相關準則外，企業可能也會需要會計、法令遵循等相關專業人士之協助，以建置完備的 ESG 執行及監督組織。

---

[3]　Chief Executives for Corporate Purpose (2023), *Global Impact at Scale 2022*, p. 10, https://cecp.co/wp-content/uploads/2023/01/CECP_2022GISReport_FINAL. pdf?redirect=no (last visited: 2024/5/8).

Q3 永續發展委員會的機能為何？

　　關於永續發展委員會之功能，最主要之職責莫過於擬定及執行永續發展相關計畫，並監督企業單位具體執行狀況及匯總相關成果等，以便達成企業推行及實踐 ESG 永續發展之目標。詳細說明如下：

(1) 從相關規定或計畫檢視，永續發展委員會之目標 至少包括以下事項

　　依照證交所之《「○○股份有限公司永續發展委員會組織規程」參考範例》第 6 條第 1 項規定，永續發展委員會之職權包含：①制定、推動及強化公司永續發展政策、年度計畫及策略等；②檢討、追蹤與修訂永續發展執行情形與成效；③督導永續資訊揭露事項並審議永續報告書；④督導公司永續發展守則之業務或其他經董事會決議之永續發展相關工作之執行。

　　另根據金管會「上市櫃公司永續發展行動方案（2023年）」，未來推動企業永續發展的目標包含：①引領企業淨零；②深化企業永續治理文化；③精進永續資訊揭露；④強化利害關係人溝通；⑤推動 ESG 評鑑及數位化等事項。

　　從而，一般而言，永續發展委員會的目標，包含：①導入永續經營之文化與規則；②選定企業關注之 ESG 議題；③監督、交派或執行 ESG 任務；④檢視及評估 ESG 任務執行狀況；

⑤參與評鑑及做成永續報告書等成果呈現。

　　另外，根據 112 年度公司治理評鑑指標第 2.14 點：「公司是否設置提名委員會、風險管理委員會或永續發展委員會等法定以外之功能性委員會，其人數不少於三人，半數以上成員為獨立董事，且有一名以上成員具備該委員會所需之專業能力，並揭露其組成、職責及運作情形」的規定，可以看出未來對於獨立董事或其他永續發展委員會之成員，也會更加強調或要求必須具備關於特定 ESG 議題的專業能力，以提升永續發展委員會運作之效果。

(2) 相關規定及計畫亦有規定個別企業及董事會對於永續發展之實踐、ESG 發展的目標，得作為訂定永續發展委員會之功能及職責的參考

　　首先，《上市上櫃公司永續發展實務守則》第 4 條、第 7 條第 1、2 項分別規定：

　　第 4 條：「上市上櫃公司對於永續發展之實踐，宜依下列原則為之：一、落實公司治理。二、發展永續環境。三、維護社會公益。四、加強企業永續發展資訊揭露。」

　　第 7 條第 1 項：「上市上櫃公司之董事應盡善良管理人之注意義務，督促企業實踐永續發展，並隨時檢討其實施成效及持續改進，以確保永續發展政策之落實。」

　　第 7 條第 2 項：「上市上櫃公司之董事會於公司推動永續發展目標時，宜充分考量利害關係人之利益並包括下列事項：一、提出永續發展使命或願景，制定永續發展政策、制度或相關管理方針。二、將永續發展納入公司之營運活動與發展方

向，並核定永續發展之具體推動計畫。三、確保永續發展相關資訊揭露之即時性與正確性。」

其次，金管會「公司治理 3.0 －永續發展藍圖」亦揭示具體推動措施：

① 規劃建置永續板，推動永續發展相關債券。

② 持續視市場使用者需求，研議推動永續相關指數商品。

③ 持續檢討公司治理評鑑指標，強化評鑑效度。

④ 持續宣導公司治理及企業社會責任。

由以上的實務守則及發展藍圖，可以明白目前 ESG 政策及永續發展委員會雖然尚未有強制性的規定或統一的準則，但為了達成上述指標及措施之實踐，永續發展委員會可參酌以上的內容，作為其職責行使的目標，以及預期其所得發揮之功能。

(3) 從以上的計畫或規定，亦可知悉永續發展委員會職責　及目標至少包含下列內容

① 透過實踐及監督永續發展，藉以提升企業價值及競爭力。

② 向董事會報告 ESG 策略與目標、執行進度與成效，以及未來工作計畫。

③ 提出永續發展具體推動計畫、相關政策、監督，以及檢視永續計畫執行情況。

④ 審核及協助製作永續報告書。

未來，隨著永續發展的制度及議題持續地推進與完備，永續發展委員會也可能在企業經營中扮演更重要的角色，尤其在

目前世界各國對於 ESG 及永續發展的關注日漸提升，以及永續相關投資金額不斷增加[4]的趨勢中，ESG 與企業經營和財務表現的關聯亦有上升趨勢[5]，永續發展委員會未來對於 ESG 政策之執行，除了關注議題的實踐外，評估或檢視因執行 ESG 計畫對企業所帶來的經濟效益，可能也會逐漸成為永續發展委員會的機能之一。

 實務上永續發展委員會組織型態的發展狀況如何？

如前所述，因目前包含我國在內的多數國家，對於永續發展委員會或其他執行永續發展的機構，大多沒有強制規範其組織型態，因此實務上也發展出不同類型的組織架構，例如，董事會下設機構之永續發展委員會，屬於經營團隊諮詢機關，亦有由總經理、執行長召集之永續發展組織，或其他混和型的永續發展組織型態等均有之。以下將先就外國永續發展組織型態之統計資料說明，再列舉及分析我國實務上出現的組織型態。

---

[4] Global Sustainable Investment Alliance (GSIA) (2021), *Global Sustainability Investment Review 2020*, p. 10, https://www.gsi-alliance.org/wp-content/uploads/2021/08/GSIR-20201.pdf (last visited: 2024/5/12).

[5] Gunnar Fried, Timo Busch & Alexander Bassen (2015), "ESG and Financial Performance: Aggregated Evidence From More Than 2000 Empirical Studies," *Journal of Sustainable Finance & Investment*, 5(4) p. 223.

(1) 外國永續發展組織型態狀況

　　根據德勤（Deloitte）於 2019 年針對 S&P 500 負責 ESG 任務之機構進行調查[6]，顯示企業 ESG 事務負責機構中，41% 是由提名委員會及公司治理委員會來進行督導，28% 的公司未揭露相關資訊，10% 成立專責之 ESG／永續發展委員會來進行，7% 的公司係由整個董事會負責，14% 是由其他委員會負責。

　　根據美國學者及實務工作者的調查結果[7]，大略可將 ESG 執行及監督機關分為全體董事、既存功能性委員會、新設功能性委員會、複數既存功能性委員會等種類，且認為企業實際應該選擇何種組織型態來進行，仍須視公司需求調整，無法一概而論。

　　另外，日本方面，根據日本經濟新聞所經營之媒體「日經 BP」（Nikkei Business Publications）旗下《日經 ESG》專欄，曾於 2021 年針對當時上市（上場）企業共 3,715 家，所進行之問卷調查結果，在有回覆問卷之 948 家企業中，有 29.7% 已設置董事會參與之永續發展委員會、正在檢討是否設置之企業有 39.9%，目前沒有設置計畫者則有 29.5%[8]。

[6]　Lori Lorenzo (2021), *The Role of the Chief Legal Officer in Driving ESG Strategy?*, p. 7, https://www2.deloitte.com/content/dam/Deloitte/us/Documents/about-deloitte/us-clo-sustainability-final-updated.pdf (last visited: 2024/5/12).

[7]　Jurgita Ashley & Randival Morrison (2021), "ESG Governance: Board and Management Roles & Responsibilities," https://corpgov.law.harvard.edu/2021/11/10/esg-governance-board-and-management-roles-responsibilities/ (last visited: 2024/5/8).

[8]　半沢智，〈緊急調査 プライム希望8割超 948社が回答 東証再編と企

　　另外，組織型態方面，除了董事會下設永續發展委員會外，通常由部分董事，加上高階主管及／或外部專家組成永續發展委員會來執行永續發展事務，並由公司內各部門參與。例如，三井物產株式會社（下稱「日本三井物產」），由董事會下設永續發展委員會，由身兼常務執行董事之策略長擔任主委，由各部門經理擔任委員，就部門內關於永續發展事務之議題進行提案與執行，並設有專責永續發展事務之永續發展經營推進部及諮詢委員，負責統合及監督。

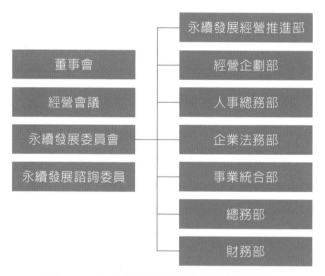

圖 3-1　日本三井物產永續發展組織架構

資料來源：內容參考日本三井物產公司官方網站之介紹，https://www.mitsui.com/jp/ja/sustainability/philosophy/concept/index.html（最後瀏覽日：2024 年 5 月 8 日）；由本書翻譯及繪製。

業のESG課題〉，《日経ESG》，https://project.nikkeibp.co.jp/ESG/atcl/column/00003/120800027/?P=5（最後瀏覽日：2024年5月8日）。

(2) 我國永續發展委員會或相關組織型態

　　關於我國永續發展執行及監督組織型態，大致可分為董事型、總經理型或混合型三種：

① 董事會委員會型 [9]

　　主要以董事會成員為主體，於董事會下設作為功能性委員會之永續發展委員會，由具有公司治理、法令遵循、社會參與、循環經濟等專業，以及可以處理各公司所關注議題（例如綠色金融、研發創新、工業安全、環境保護）之董事或獨立董事組成，討論 ESG 相關議案，並提報董事會報告、提請執行。

　　以台灣塑膠工業股份有限公司（下稱「台塑公司」）為例，由董事會下設永續發展委員會（由董事長、董事 1 位及全體獨立董事 4 位組成），進行永續發展事項之審議、監督，並另外成立台塑公司永續發展工作推動小組，由董事長擔任召集人，總經理與資深副總擔任副召集人，負責永續策略之擬定及執行永續發展委員會交派之任務。

---

[9]　台塑永續發展委員會（http://www.fpc.com.tw/fpcw/index.php?op=res&id=11&c=10）、南亞永續發展委員會（https://www.npc.com.tw/j2npc/zhtw/co_governance.jsp）、富邦金控公司治理及永續委員會（https://www.fubon.com/financialholdings/governance/committee.html），均偏向此類型。

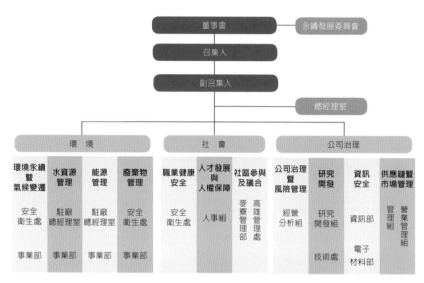

圖 3-2　台塑公司永續發展工作推動小組

資料來源：台灣塑膠工業股份有限公司，《2022 TCFD 氣候相關財務揭露報告書》（2023 年），第 4 頁。

② **經營團隊型**[10]

　　此類型主要由總經理或執行長等公司業務經營團隊，擔任永續發展委員會（或永續發展辦公室）之召集人或主任委員，再加入其他高階主管或公司職員組成，著重於公司內部各單位

---

[10] 統一企業永續發展委員會（https://esg.sp88.tw/about2-1.php）、台新金控企業永續經營委員會（https://www.taishinholdings.com.tw/tsh/responsibility/blueprint/run/）、王品CSR委員會（https://www.wowprime.com/zh-tw/csr/csr-management/csr-committee）或黑松永續發展委員會（https://www.heysong.com.tw/corporate-social-responsibility/csr-committee/）等偏向此類型。

共同執行及監督 ESG 相關任務。

　　以統一企業股份有限公司（下稱「統一企業」）為例，其係以總經理擔任主席，財務主管擔任召集人，並將 ESG 事務分為五項功能群組，由不同領域高階主管擔任群組召集人，制定計畫並執行後回報永續發展委員會，董事會則於必要時督促經營團隊及提供調整意見。

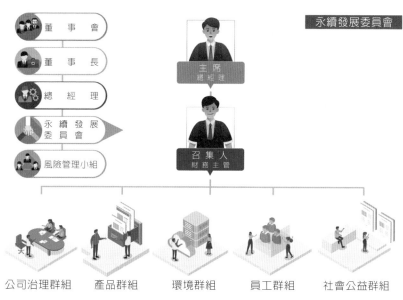

圖 3-3　統一企業永續發展委員會架構

資料來源：統一企業永續發展網站。

③其他型態

　　另有企業採取混合型的組織型態，無法直接歸類為前述二種類型，通常由部分董事會成員及高階經理人或主管，共同組成永續發展委員會或永續發展辦公室等組織，分別或共同負責永續發展事務。舉例而言，組織型態上包含設置董事長與高階主管組成的 ESG 指導委員會，另設置由高階主管及相關部門之代表組成之 ESG 委員會；或設置永續發展委員會及永續發展辦公室，由總經理兼任永續長，並由董事會決議是否通過 ESG 相關提案及監督執行成果；或設置永續發展委員會及永續發展辦公室，由董事長擔任委員會主席，由高階主管擔任永續長等型態，實務上均有之。

　　以台灣積體電路製造股份有限公司（下稱「台積電」）為例，其係設置 ESG 指導委員會，成員包含擔任主席之董事長，以及擔任執行秘書及委員之高階主管，直接由董事長領導制定公司 ESG 策略，並另外設置 ESG 委員會，由董事長指派高階主管擔任主席，再由相關部門推派代表擔任委員，執行 ESG 事務及報告成果。

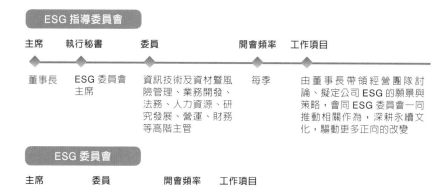

3

圖 3-4　台積電 ESG 指導委員會／ESG 委員會架構

資料來源：台積電，《台積電公司 111 年度永續報告書》（2023 年），第 13 頁。

　　由於目前就公司內部永續發展事務之監督與執行組織型態，尚無強制規定，企業得根據企業規模、企業文化、關注議題等因素，選擇及制定適合的 ESG 組織型態及成員，以達成有效率推進及監督 ESG 事務執行之目標。此外，亦建議企業得持續注意主管機關要求，以及國際潮流之狀況，持續調整及優化內部永續事務處理機關。

Memo

....
....
....
....
....
....
....
....
....
....
....
....
....
....
....
....

Chapter 4

ESG 資訊之揭露

　　當永續發展成爲顯學，永續資訊揭露（information disclosure）也將成爲一門必修課。透過強制要求企業揭露永續資訊，可將企業永續發展之成果攤在陽光下，使利害關係人得以閱覽並知悉企業永續發展成果。然而，揭露永續資訊與提倡永續發展間之關聯性爲何？爲何提及企業永續發展時，就會聯想到企業永續資訊之揭露？值得吾人深思。唯有正確理解兩者間關聯性後，才能充分掌握永續資訊揭露及管理之邏輯。

Q1　企業社會責任與永續發展是否為強制性義務？

　　《公司法》第 1 條第 2 項之修正理由明確指出，企業社會責任之意涵係：「公司社會責任之內涵包括：公司應遵守法令；應考量倫理因素，採取一般被認爲係適當負責任之商業行爲；得爲公共福祉、人道主義及慈善之目的，捐獻合理數目之資源。」因此，企業社會責任大致可包含 (1) 應遵守法令；(2) 應遵守商業倫理；以及 (3) 得從事公益活動等三大面向。前兩者屬強制性義務，後者則原則上採自願性之立法方式。此觀《公司法》第 1 條第 2 項「公司經營業務，應遵守法令及商業倫理規範，得採行增進公共利益之行爲，以善盡其社會責任。」即可得悉。

　　然而，企業社會責任、公益活動等名詞過於抽象，完全流於自願、可做可不做的範疇。又鑑於企業之影響力日漸深

遠，甚至有些大型企業已可與國家平起平坐；並且，公司既然與自然人同屬於社會中的一分子，於從事營利行為的同時，即不能僅考量公司內部之利益，而罔顧社會整體利益，更何況過去被視為理所當然的行為，於晚近已陸續被認為係屬於成本外部化之樣態。舉例而言，企業從事商業活動係為賺取自己之利益，惟排放溫室氣體所造成的全球暖化、海平面上升、極端氣候、生物滅絕等後果，卻是由地球上之所有人負擔，並非公平。因此，晚近多以「永續發展」的稱呼取代「企業社會責任、公益活動」，例如，企業社會責任報告書即改名為永續報告書，此變革即是要提醒吾人，「永續發展」並非僅是關乎他人事物的公益作為，而是關乎人類、企業、社會、地球可否繼續存續的重大任務。然而，永續發展的推行需要耗費企業資源，考量每間公司的產業別、資本額、市場競爭狀況等均不相同，較難以齊頭式的做法要求企業善盡責任，故儘管各國法規有愈發嚴格之趨勢，惟現階段臺灣之永續發展仍大致停留在軟性規範、提倡之程度，例如，證交所及櫃買中心共同制定之《上市上櫃公司永續發展實務守則》第 1 條第 2 項：「上市上櫃公司宜參照本守則訂定公司本身之永續發展守則，以管理其對經濟、環境及社會風險與影響。」且該守則大多採框架式的規範，提醒企業宜留意哪些主題。

Q2　既然永續發展並非強制性義務，那為何要強制揭露永續資訊？

　　如前所述，各項永續發展（環境、社會、公司治理）之推行雖非強制性義務，惟此規範之設計係考量每間公司所擁有之資源、條件不同，無法齊頭式課予義務。然而，永續發展既然關乎人類、社會、地球之存續，也絕非可以任由企業加以忽視，故一種折衷的做法即應運而生。亦即，雖不強制企業應以何種方式管理來自經濟、環境及社會之風險，或要求永續發展事項應達何種目標，惟透過強制揭露永續資訊的做法，亦可間接達到促進企業從事永續發展的目標：

(1) 於強制要求企業揭露永續資訊之情形下，企業為進行揭露，勢必要派員瞭解、學習永續指標之意義，並蒐集相關資訊，如此即可強迫企業接觸並熟悉永續發展之具體做法。

(2) 部分永續資訊之揭露需要利害關係人之協力（如供應鏈管理），藉由要求一部分企業揭露永續資訊，則該企業也可能會要求其上下游廠商採取永續發展之具體作為。

(3) 透過強制永續資訊之揭露，亦會造成企業與同業間之競爭，俗話說「輸人不輸陣」，為保護商譽及市場占有率，企業將被迫採取永續發展之具體作為。

(4) 當永續投資（綠色投資）成為潮流，則無論是機構投資人（如金融機構）或一般投資人，都可能會偏好投資永續發展良好的企業。企業為提高資本市場之競爭力，將被迫採取永續發展之具體作為。

Q3　現階段上市（櫃）公司被要求揭露哪些永續資訊？

(1) 年報中之永續資訊。

(2) 永續報告書。

(3) 企業 ESG 資訊揭露。

Q4　年報中涉及哪些永續資訊？

　　依《公開發行公司年報應行記載事項準則》第 7 條第 3 款，年報編製內容應記載事項包含公司治理報告，其應記載事項規定於同準則第 10 條第 1 項，如該項第 3 款所列最近年度給付董事、監察人、總經理及副總經理等之酬金（附表一之二及附表一之三）、該項第 4 款所列公司治理運作情形，均與永續資訊揭露攸關，其中亦包含公司治理以外之永續資訊，即該項第 4 款第 5 目：「**推動永續發展執行情形及與上市上櫃公司永續發展實務守則差異情形及原因（附表二之二之二）；符合一定條件之公司應揭露氣候相關資訊（附表二之二之三）。**」

　　透過上述方式，強制上市（櫃）公司揭露公司治理架構、推動永續發展之治理、風險管理或政策，並要求上市（櫃）公司自 2024 年起揭露氣候相關資訊。如涉及揭露不實，不排除

構成證交法第 20 條（證券詐欺）或第 20 條之 1（財報不實）
等民刑事責任之可能性。

 Q5 何種公司應強制編製並申報永續報告書？

　　依《證交所「上市公司編製與申報永續報告書作業辦
法」》、《櫃買中心「上櫃公司編製與申報永續報告書作業辦
法」》（以下合稱「上市 / 櫃公司報告書作業辦法」）第 2 條
第 1 項，其要求上市（櫃）公司於符合一定條件下應強制編製
並申報中文版本之永續報告書：

(1) 最近一會計年度終了，依據《上市公司產業類別劃分暨調
　　整要點》或《上櫃公司產業類別劃分暨調整要點》規定屬
　　食品工業、化學工業及金融保險業者（下稱「食品、化工
　　及金融保險業者」）。

(2) 依證交法第 36 條規定檢送之最近一會計年度財務報告，餐
　　飲收入占其全部營業收入之比率達 50% 以上者（下稱「餐
　　飲業者」）。

(3) 前二款以外之上市（櫃）公司。但最近會計年度終了日之
　　實收資本額未達新臺幣 20 億元者，得自 2025 年適用。

Q6 永續報告書之揭露方式及所涉資訊類型？

　　依上市／櫃公司報告書作業辦法第 3 條，編製永續報告書時應參考全球永續性報告協會（Global Reporting Initiative）發布之通用準則、行業準則及重大主題準則（下稱「GRI 準則」），編製前一年度之永續報告書，揭露公司所鑑別之經濟、環境及人群（包含其人權）重大主題與影響、揭露項目及其報導要求，並可參考永續會計準則理事會（Sustainability Accounting Standards Board）準則（下稱「SASB 準則」）揭露行業指標資訊及 SASB 指標對應報告書內容索引。

　　此外，為持續提升永續資訊報導品質及可比較性，金管會未來擬接軌 IFRS 制度，惟考量國內量能，規劃自 2026 年會計年度起分三階段適用 IFRS 永續揭露準則，資本額達 100 億元以上之上市（櫃）公司於 2026 年適用；資本額達 50 億元以上未達 100 億元之上市（櫃）公司於 2027 年適用；其餘所有上市（櫃）公司則於 2028 年適用。

Q7 永續報告書應揭露及經會計師確信之資訊為何？

　　依上市／櫃公司報告書作業辦法第 4 條，永續報告書之資訊揭露，除應參考 GRI 準則進行永續資訊揭露，並得參考 SASB 準則揭露行業指標資訊外，亦應揭露參考自 SASB 之產業別加強揭露永續指標（附表一之一至附表一之三、附表一之四至附表一之十四），以及依作業辦法第 4 條之 1，專章揭露氣候相關資訊（附表二）。並且，附表一之一至附表一之三揭露所屬產業之永續指標，應取得會計師依財團法人中華民國會計研究發展基金會發布之準則所出具之確信報告。整理如表 4-1。

表 4-1　ESG 資訊揭露及確信整理表

	食品、化工及金融保險業者	餐飲業者	其他實收資本額達 20 億元之上市（櫃）公司	其他實收資本額未達 20 億元之上市（櫃）公司
參考 GRI 準則編製永續報告書	○	○	○	△[1]
氣候相關資訊執行情形	○	○	○	-
加強揭露永續指標	○	○	△[2]	-
對於加強揭露永續指標，會計師出具確信報告	○	○	-	-
溫室氣體盤查及確信			△[3]	

---

[1]　最近會計年度終了日之實收資本額未達新臺幣20億元者，自2025年起亦應編製永續報告書。

[2]　最近會計年度終了日之實收資本額新臺幣20億元以上之水泥工業、塑膠工業、鋼鐵工業、油電燃氣業、半導體業、電腦及週邊設備業、光電業、通信網路業、電子零組件業、電子通路業、其他電子業，應依產業別加強揭露永續指標（附表一之四至附表一之十四）。

[3]　溫室氣體範疇一及範疇二盤查適用時程如下：

　(1) 鋼鐵工業、水泥工業及最近會計年度終了日之實收資本額達新臺幣100億元以上者，應自2023年起揭露個體公司數據、2025年起揭露合併報表母子公司數據。

　(2) 最近會計年度終了日之實收資本額達新臺幣50億元以上但未達100億元

　　如未按時限申報，或申報內容有錯漏者，證交所或櫃買中心將視情節輕重處罰之。

Q8 企業 ESG 資訊揭露包含哪些氣候資訊？

　　依《證交所對有價證券上市公司及境外指數股票型基金上市之境外基金機構資訊申報作業辦法》第 3 條第 1 項第 32 款：「永續報告書及該報告書檔案置於公司網站之連結：依本公司『上市公司編製與申報永續報告書作業辦法』規定之時限申報。前開報告書內容或公司網站連結發生變更者，應於事實發生日後二日內輸入更新資料。企業環境、社會及公司治理資訊揭露：應於會計年度終了後六個月內申報。」

者，應自2025年起揭露個體公司數據、2026年起揭露合併報表母子公司數據。

(3) 最近會計年度終了日之實收資本額未達新臺幣50億元者，應自2026年起揭露個體公司數據、2027年起揭露合併報表母子公司數據。

上市（櫃）公司應依下列時程辦理溫室氣體範疇一及範疇二確信：

(1) 鋼鐵工業、水泥工業及最近會計年度終了日之實收資本額達新臺幣100億元以上者，應自2024年起完成個體公司確信、2027年起完成合併報表母子公司確信。

(2) 最近會計年度終了日之實收資本額達新臺幣50億元以上但未達100億元者，應自2027年起完成個體公司確信、2028年起完成合併報表母子公司確信。

(3) 最近會計年度終了日之實收資本額未達新臺幣50億元者，應自2028年起完成個體公司確信、2029年起完成合併報表母子公司確信。

　　次依《櫃買中心對有價證券上櫃公司資訊申報作業辦法》第 3 條第 1 項第 24 款：「企業環境、社會及公司治理資訊揭露：應於會計年度終了後六個月內申報。」

表 4-2　企業環境、社會及公司治理資訊揭露所應申報之資訊

議題	主題	指標
環境議題	溫室氣體排放	直接（範疇一）溫室氣體排放量
		間接（範疇二）溫室氣體排放量
		間接（範疇三）溫室氣體排放量
		溫室氣體排放密集度
		溫室氣體管理之策略、方法、目標
	能源管理	再生能源使用率
		能源使用效率
		使用再生物料政策
	水資源	用水量
		用水密集度
		水資源管理或減量目標
	廢棄物	有害廢棄物量
		非有害廢棄物量
		總重量（有害＋非有害）
		廢棄物密集度
		廢棄物管理或減量目標

4

表 4-2 企業環境、社會及公司治理資訊揭露所應申報之資訊（續）

議題	主題	指標
社會議題	人力發展	員工薪資平均數
		員工福利平均數
		非擔任主管職務之全時員工薪資平均數
		非擔任主管職務之全時員工薪資中位數
		管理職女性主管占比
		職業災害人數
		職業災害比率
治理議題	董事會	董事會席次
		獨立董事席次
		女性董事席次及比例
		董事出席董事會出席率
		董監事進修時數符合進修要點比率
	投資人溝通	公司年度召開法說會次數

Chapter 5

ESG 對企業併購實務的影響

　　本書其他章主要是著重討論公司等事業體就這幾年盛行的 ESG 概念，事業體本身應做出的因應及相關影響。本章則是要從公司等事業體考慮併購其他公司時的角度，介紹 ESG 要素近年來在併購實務上所帶來的影響。

　　具體而言，ESG 對企業併購實務的影響，可以整理成以下四大面向。

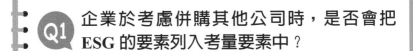

Q1 企業於考慮併購其他公司時，是否會把 ESG 的要素列入考量要素中？

　　企業併購是公司尋求提升公司價值的方式之一，ESG 要素可能是公司的風險，但也屬於提升公司價值的一種可能性。因此，公司董事會在進行經營判斷，評價是否併購其他公司時，ESG 要素已逐漸被列為必要的考量重點之一。

　　《2022 年台灣併購白皮書》[1] 調查結果中，提到所謂「八大關鍵發現」，其中一項是，近 6 成受訪者認為 ESG 會影響併購決策，落實 ESG 已為不可忽視之重要課題；另外，企業進行併購決策時，自影響因子裡的重要程度觀之，「ESG 意識提升」占了 3.7%[2]。《2023 年台灣併購白皮書》，更進一步

---

[1] 資誠聯合會計師事務所、普華國際財務顧問公司，《2022年台灣併購白皮書》（2022年），第18頁，https://www.pwc.tw/zh/publications/topic-invest/assets/2022-taiwan-mna.pdf（最後瀏覽日：2024年5月9日）。

[2] 同註1，第26頁。

指出：「近 8 成受訪者認為標的公司 ESG 表現將影響其併購投資決策，且多數受訪者認為，ESG 的影響將在未來 5 年大幅提升」[3]。

　　例如，殼牌（Shell）集團曾在 2021 年，於官網揭露計畫每年投資 2 億到 3 億美元在再生及能源相關產業[4]，基於這個承諾，殼牌集團也確實在 2022 年間，完成收購從事再生能源設備的印度公司[5]。

---

[3]　資誠聯合會計師事務所、普華國際財務顧問公司，《2023年台灣併購白皮書》（2023年），第19頁，https://www.pwc.tw/zh/publications/topic-invest/assets/2023-taiwan-mna.pdf（最後瀏覽日：2024年5月9日）。

[4]　"Shell's strategy will rebalance its portfolio, investing annually $5-6 billion in its Growth pillar (around $3 billion in Marketing; $2-3 billion in Renewables and Energy Solutions)." *See* "Shell Accelerates Drive for Net-zero Emissions with Customer-first Strategy," https://www.shell.com/media/news-and-media-releases/2021/shell-accelerates-drive-for-net-zero-emissions-with-customer-first-strategy.html (last visited: 2023/12/6).

[5]　"Shell Completes Acquisition of Renewables Platform Sprng Energy Group," https://www.shell.com/media/news-and-media-releases/2022/shell-completes-acquisition-of-renewables-platform-sprng-energy-group.html (last visited: 2023/12/6).

> **Q2** 企業併購實務上進行的盡職調查，有沒有因為考量 ESG 要素，而產生任何變化？

　　《2023 年台灣併購白皮書》指出，49% 的產業公司及私募創投於併購投資活動中曾從事 ESG 盡職調查（due diligence）[6]。因此，可看出約計半數的企業併購活動，曾進行過 ESG 盡職調查。所謂「ESG 盡職調查」，是指從事併購活動的企業所進行的盡職調查中，考慮 ESG 要素的一種過程。其中，勞工議題（含員工留職率、在職訓練等），為 ESG 盡職調查中最普遍的內容，因為重要人才留任為併購後整合（post merger integration）最重要的工作[7]。

　　在 ESG 概念逐漸普及化前的企業併購實務中，併購方聘用律師、會計師等專業人士，對併購標的進行盡職調查[8]，已是實務上相當普遍的做法（下稱「傳統盡職調查」）。那麼在 ESG 概念逐漸普及化後，前文所提及「ESG 盡職調查」的用語，其內涵與傳統盡職調查究竟有什麼重大差異？此問題可從以下幾個角度加以觀察。

---

[6]　同註3，第47頁。

[7]　同註3，第49頁。

[8]　也有「實地查核」的稱呼。

(1)「傳統盡職調查的確認重點」與「ESG 盡職調查的確認重點」的差異

　　在所謂 ESG 潮流興起前，企業併購過程中所進行的傳統盡職調查的對象，其實不乏含有 ESG 概念的項目。例如，E 所代表的環境議題、S 所代表的社會議題、G 所代表的公司治理，公司對於環境法規的遵循、公司勞資關係的狀況、公司董事會的營運是否合法等，都是傳統盡職調查通常會查核的項目。

　　較不同之處，第一是調查的確認範圍。傳統盡職調查的確認範圍比較著重於標的公司是否有違反當地法令的強行規定。ESG 盡職調查的確認範圍則擴大到當地法令強行規定以外之未必具強制力的國際組織或國際會議通過的相關宣言或指導方針等軟法（soft law）。以 G 所代表的公司治理為例，傳統盡職調查裡，就收贈賄或洗錢等項目，通常調查重點為標的公司是否存在違反收贈賄或洗錢規定之違法情事，但 ESG 盡職調查下，則可能進一步確認公司內部是否存在收贈賄或洗錢規定之管控機制，甚至跟收購公司的現行制度進行比較。

　　第二是思考角度。傳統盡職調查中，比較注重標的公司是否存在因違反法令而造成標的公司價值減損的風險角度。但 ESG 盡職調查的特色在於，除了風險外，也會思考 ESG 相關議題對於公司產生價值的提升所帶來的機會[9]。

---

[9]　今仲翔，〈ESGとM&A〉，《商事法務》，第2258號，2021年3月，第36頁。
　　森・濱田松本法律事務所ESG・SDGsプラットフォーム編著，《ESGと商事法務》（商業法務，2021年），第102頁。

　　第三是查核對象。傳統盡職調查裡，查核對象通常著重在標的公司本身，以及具有資本或控制從屬關係的關係企業上。但在 ESG 盡職調查下，調查對象可能超出標的公司及關係企業。具體而言，在 ESG 潮流下，所謂「人權盡職調查」（human rights due diligence）是其中一項特色。特別是，臺灣上市（櫃）公司於編製永續報告書所必須參考的 GRI 準則之 2021 年版本中，即將人權議題從可供企業自由選擇揭露的單一主題準則（GRI 412：人權評估 2016 版）提升至所有採用 GRI 準則的企業都必須揭露的通用準則之中。在人權盡職調查的概念下，伴隨著企業活動或交易關係所衍生之被查核公司與供應商間關係，成為查核重點之一，此種查核重點顯然已超出傳統盡職調查的查核主要對象。

(2) 相較於傳統盡職調查，ESG 盡職調查進行過程中較容易發生的問題點

① 拒絕揭露的可能性

　　傳統盡職調查進行過程中，通常標的公司拒絕揭露的理由多半與涉及公司機密，或因與第三人間存在保密義務有關。而在 ESG 盡職調查中，相較於傳統盡職調查，賣方或標的公司尤其可能被要求揭露更多的資訊（特別是要求揭露例如供應商等第三方的資訊），如此標的公司拒絕揭露的可能性即會提高 [10]。

---

[10] 同註9。

②價值估算

　　在考慮 ESG 要素下進行盡職調查時，即便有找到問題點，如何進行客觀評價，以及如何反映到交易價格裡，可能會比傳統上進行盡職調查發生問題時所進行的企業評價更具挑戰性。傳統上進行法務盡職調查（legal due diligence）時所發現的違法情事，比較著重在標的公司所在地的強行法的違反，而這些強行法通常會有較爲明確的裁罰規定。相對而言，在考慮 ESG 要素下所進行的盡職調查，發現之問題點可能包含國際組織或國際會議所制定之軟法等非強行法令的違反，該等非強行法令通常沒有明確的裁罰規定，難以直接作爲價值估算時的明確參考[11]。

　　除了在盡職調查過程中所發現的問題，應如何反映到企業併購交易的價值估算之觀點外，從比較宏觀的角度來看，ESG潮流對於企業併購實務上的標的公司價值評估之整體，也產生一些衝擊。就與企業併購實務息息相關的企業評價或無形資產評價而言，ESG 要素或指標在評價實務上目前屬於輔助性角色[12]，ESG 要素將或多或少影響評價人員分析時所採用的評價參數，但評價方法短期內不會因 ESG 潮流而徹底改變[13]。

---

[11]　同註9。

[12]　會計研究發展基金會研究處，〈ESG運用於評價實務——企業與無形資產評價論壇紀實〉，《會計研究月刊》，第450期，2023年5月，第55頁。

[13]　「ESG的發展趨勢與潮流並不會從本質上改變企業價值的來源與評價方法，但將改變評價人員分析企業的角度與採用的評價參數，隨著ESG相關揭露逐步標準化，評價人員需思考ESG相關資訊將如何影響到評價參數以及該如何將相關資訊量化並同步整合至評價過程與結論中。」參楊小慧、汪祖平，〈ESG趨勢對企業評價的影響〉，《工商時報》，2022年8月30日，https://readers.ctee.com.tw/cm/20220830/a10aa10/1201840/share。

(3) ESG 風潮提高賣家透過賣方盡職調查報告書來爭取 買家青睞的動機 [14]

　　一般盡職調查，通常是由有興趣的買家對標的公司進行查核的過程。企業併購實務中，如果是涉及多數買家有意收購之較大規模的案件，往往會有競標過程，且賣方爲了促進多數買方對標的公司的初步理解，有時會自行進行盡職調查，做成報告書後，主動提供給潛在買方進行評估。

　　在 ESG 風潮下，因 ESG 要素帶來的不只有風險，也有可能爲標的公司帶來加值的機會。因此，賣方爲了促使潛在買方進行收購，更有動機製作賣方盡職調查報告書（vendor diligence report），藉以強調特定標的公司在 ESG 議題下所可能產生的加值效果。

---

[14] Erik Teijgeler (2022), "ESG & M&A: Why ESG Matters Deserve Ongoing Attention," p. 6, https://www.houthoff.com/-/media/houthoff/publications/eteijgeler/erik-teijgeler--esg-and-ma-why-esgmatters-deserve-ongoing-attention.pdf (last visited: 2023/12/6).

> ### **Q3** ESG 要素對於企業併購時所簽訂的併購契約是否會造成影響？

　　企業併購實務上所簽訂的併購契約，通常包括「交割前提條件」、「交割條款」、「聲明保證條款」、「承諾事項條款」、「損害賠償條款」及「紛爭解決條款」等重要約款。

　　當買方對標的公司進行 ESG 盡職調查，勢必會發現標的公司存在一些明確的問題點。如該等問題可期待儘速獲得改善，買方大致上有幾種應對方式[15]：(1) 等該問題解決後，再簽訂併購契約；(2) 把該問題的解決，作為交割前提條件；(3) 把該問題的改善作為交割後的賣方承諾事項；(4) 如果是屬於取得經營權的併購模式，在完成交割後，自行進行改善。另一方面，如無法期待該等問題儘速獲得改善，買方大致上也有幾種應對方式[16]：(1) 放棄交易；(2) 把發生問題點的部分，從交易對象中剔除後再進行交易；(3) 作為降低交易價金的談判籌碼；(4) 請求賣方進行一定的補償或賠償。

　　無論 ESG 盡職調查做得如何詳細，都無法期待透過盡職調查過程，找出所有標的公司的問題點。因此，併購交易通常都會伴隨或多或少的潛在風險（potential risk）。對於這些潛在風險，買方大致上有幾種應對方式[17]：(1) 確認聲明保證條款（representations & warranties clause）裡的內容，是否足

---

[15]　*Id.*

[16]　*Id.*

[17]　*Id.*, p. 7.

夠涵蓋 ESG 相關潛在風險？(2) 是否可以透過聲明保證保險（warranty & indemnity insurance）來分散風險？(3) 是否可以透過保留部分併購款項或託管帳戶（escrow account）的機制，將部分款項保留到交割後一定期間後再支付給賣方？(4) 是否應該在併購契約中加入交割前承諾事項條款（pre-closing covenants clause），讓賣方承諾，在交割前如果要就標的公司的 ESG 相關事項進行相關處理，必須要取得買方同意等內容？

　　以上的考量點，在 ESG 風潮興盛前，其實買方也或多或少會面臨到這些問題。在 ESG 風潮興盛的當下，併購契約內容受到的影響，主要在「聲明保證條款」及「承諾事項條款」這兩個條款的部分。

(1) 聲明保證條款

　　併購契約裡通常會有聲明保證條款，讓賣方聲明及保證，除了盡職調查過程中已發現之違法情事外，標的公司並不存在其他環境相關法令及勞動相關法令的違反，此等條款即係要處理前面所提及之潛在風險問題。

　　在 ESG 風潮下，可觀察到聲明保證條款的一些變化，主要有以下三點[18]：

① 聲明保證的範圍從不存在違反當地法令的強行規定，擴大到不存在違反國際組織或國際會議所制定之軟法。

② 聲明保證所涉及的主體，從標的公司及關係企業，擴大到

---

[18] 令仲翔，同註9，第38頁。

標的公司的供應商。然而，此處提到的標的公司的供應
商，比較侷限在供應商有無違反強制勞動或其他重大違反
勞動法令的情形[19]，此與標的公司及關係企業須就範圍較廣
的不違法聲明保證，有相當程度的差異。

③ 在過往併購契約中的聲明保證條款，也常見賣方須聲明保
證其董監事或管理階層人士，並無違反相關法令（如收贈
賄相關法令）的內容。在 ESG 潮流下，受到美國在 2017
年左右的 Me too 運動影響，性騷擾議題於近年的關注度大
幅提升，常見到併購條款裡有所謂「Me Too Representa-
tion」或「Weinstein clauses」，由賣方聲明保證，標的公司
的董監事或管理階層人士並未被指控性騷擾，也不存在公
司因性騷擾指控，而與第三人間簽訂和解契約等合意書。

以下是常見的契約條款範例：「To the Company's Knowl-
edge, in the last ten (10) years, (i) no allegations of sexual
harassment have been made against any officer of the Com-
pany or any of its Subsidiaries, and (ii) the Company and
its Subsidiaries have not entered into any settlement agree-
ments related to allegations of sexual harassment or miscon-
duct by an officer of the Company or any of its Subsidiar-
ies.」

<hr>

[19] 関本正樹，《対話で読み解くサステナビリティ・ESGの法務》（中央経濟
社，2022年），第95頁。

(2) 併購後承諾事項條款

　　在屬於不是取得經營權的企業併購類型中，由於買方出資後，並不會介入（或介入程度有限）標的公司之經營，例如，為了與某家上市（櫃）公司進行策略聯盟，僅出資 5% 的企業併購類型。因這類型的企業併購在交割後，標的公司的經營層仍會維持現狀，近年來，比較重視 ESG 概念的買方，常見在併購契約的承諾事項條款中，加入要求標的公司（或要求賣方促使標的公司）反映 ESG 要素之承諾事項。

　　具體來說，ESG 承諾事項包括「當買方要求時，賣方應於合理範圍內提供 ESG 相關資料」、「就 ESG 盡職調查過程中所發現之 ESG 相關缺失，賣方應促使標的公司於一定期限內改善」[20]、「健全ESG內控體制」、「遵守環境及尊重人權之相關強行規定及國際組織或國際會議所制定之軟法」、「標的公司應促使主要供應商遵守 ESG 相關規定，並掌握相關狀況」[21]。

---

[20]　企業併購實務上，就ESG盡職調查過程中所發現之ESG相關缺失，如果缺失比較重大，「在交割前應改善完畢」也有可能被列入交割條件之一。

[21]　今仲翔，同註9，第39頁。

Q4 在企業併購交易完成後的整合階段，是否也會受到 ESG 要素的影響？如有，具體而言，有何影響？

　　在屬於不是取得經營權的企業併購類型中，由於買方出資後，並不會介入（或介入程度有限）標的公司之經營，買方為了在交割後持續關注及掌握標的公司，通常會透過併購契約裡的「併購後承諾事項條款」進行必要的安排。

　　如果是屬於取得經營權的企業併購類型，買方出資後，介入標的公司經營權的程度大增，在 ESG 盡職調查過程中所發現標的公司的 ESG 相關問題，身為交割後標的公司董事或管理階層人士的成員，處於有權利也有義務思考這些問題應如何處理的立場。因此，除了傳統上最棘手的勞資關係的整合外，買方成為併購標的公司的董事或管理階層人士後，在面對 ESG 議題時，通常會考慮至少以下兩點[22]：

(1) 考慮再進行較為完整的 ESG 盡職調查及改善作業

　　如前述，在企業併購交易前進行的 ESG 盡職調查，可能會因為涉及要求標的公司的供應商等第三人提供資訊，而有資訊取得較為困難的問題，以至於無法在完成併購交易前，進行比較仔細的 ESG 盡職調查。但是，在完成交割，取得經營權

---

[22] 今仲翔，同註9。

後，其身分變成標的公司的董事或管理階層人士，屆時對供應商要求提供 ESG 相關資訊，碰到的阻礙應會變小。因此，在併購完成後，可考慮再進行較為完整的 ESG 盡職調查。

在 ESG 盡職調查過程中所發現的 ESG 相關缺失，有時因為整體交易時程上等現實考量，較難期待在交割前獲得充分改善，而是保留到併購後等待進一步的處理。就此，買方在完成交割，取得經營權後，即可基於標的公司的董事或管理階層人士的身分，直接執行必要的改善作業。

(2) 考慮調整 ESG 內控體制

於取得經營權的收購方式下，在交割後，標的公司被收為買方的旗下集團公司。買方在併購前的 ESG 盡職調查過程中，通常對標的公司的 ESG 內控體制架構，以及該架構與買方公司本身的 ESG 內控體制之差異，應已有初步的掌握。在交割後，買方公司會面臨是否有必要（以及如有必要，如何執行）參考自身的 ESG 相關內部制度，調整標的公司的 ESG 內控體制的問題。

如果是屬於國內併購，將買方的 ESG 相關內部制度，逐步同化到標的公司的 ESG 內控制度，難度較低。但是如果為跨國性併購（例如，新加坡公司出售其持有臺灣公司的股份予日本公司），因每個國家就 ESG 的法令規定及實務運作，有程度不一的差別，ESG 內控體制的調整作業難度相對較高。

Chapter 6

人權盡職調查：
兼論ESG對供應鏈管理
之影響

　　傳統對於企業的想像，是以創造最大利潤，滿足股東即可。但隨著 1990 年代發生數件國際事業之供應鏈所生的人權侵害案例，例如，1997 年美國某知名運動品牌的印尼及越南下包商非法聘用童工，強迫低薪高工時勞動，後續引起消費者發起拒買運動，影響該品牌之股價及營業額；以及 2013 年孟加拉 Rana Plaza 發生倒塌事故，由於多家歐洲服裝品牌分別於該大樓設置工廠，聘用 5,000 餘名工人，該次倒塌造成千餘人死亡，事故後工廠員工之低薪及惡劣之勞動環境遭到強烈批判[1]。人們開始反思，企業為追求最大利潤而將成本轉嫁至位於發展中國家之供應鏈，並可能犧牲個人基本人權的作為是否妥適。

　　ESG 議題的「S」（即社會責任）當中，最重要的是「人權議題」，例如，近年的新疆棉花事件，使供應鏈廠商強迫勞動的議題受到關注。特別是各國近期紛紛祭出供應鏈法案，要求從事國際貿易之企業需強制或非強制地對於供應鏈的人權問題進行調查及資訊揭露。因此，企業不僅要留意自身對於人權的尊重，甚至有責任對於供應鏈是否存在人權侵害進行調查及問責。

---

[1]　Shafi Musaddique，〈孟加拉國塌樓事故十周年：現狀如何？〉，《yahoo!新聞》，2023 年 4 月 30 日，https://ynews.page.link/zgdMn（最後瀏覽日：2024 年 6 月 7 日）。

Q1　企業與人權應是什麼關係？

2005 年，哈佛大學 John Ruggie 教授受任擔任特別代表，與政府、企業和非政府組織在內的利害關係人磋商後，最終於 2011 年將《聯合國工商企業與人權指導原則》（*United Nations Guiding Principles on Business and Human Rights*, UNGPs）提交聯合國人權理事會（United Nations Human Rights Council）並通過決議。

UNGPs 大致分為三大支柱，分別是：(1) 國家保護人權的義務（UNGPs 1～10）；(2) 尊重人權之企業責任（UNGPs 11～24）；(3) 對於人權受到侵害時的救濟（UNGPs 25～31）。其中，涉及企業與人權的關係主要是支柱二及支柱三。

對於企業而言，根據支柱二所定的內容，企業應尊重人權，需主動辨識、防免、減緩負面人權影響，並對於該影響負責，同時必須對外揭露對於人權之負面影響情形及所採取之因應措施。而支柱三則是要求企業應設置申訴機制，使人權受侵害者得以利用簡明、便捷的管道，使企業可確認人權侵害行為，釐清營運過程中對人權造成之負面影響，並進而提出因應措施，將該侵害排除。

此處所稱之「人權」，依照 UNGPs 第 12 項，係指「國際公認之人權」。例如：《世界人權宣言》（*Universal Declaration of Human Rights*）、《公民與政治權利國際公約》（*International Covenant on Civil and Political Rights*）、《經

濟社會文化權利國際公約》（*International Covenant on Economic, Social and Cultural Rights*），以及國際勞工組織《關於工作中基本原則和權利宣言》（*Declaration on Fundamental Principles and Rights at Work and its Follow-up*）（ILO 8 項核心公約）中所載明之各項基本權利。具體而言，包括我國已批准之《僱傭與職業歧視公約》（*Discrimination (Employment and Occupation) Convention*）、《男女勞工同工同酬公約》（*Equal Remuneration Convention*）、《組織權及團體協商權原則之應用公約》（*Right to Organise and Collective Bargaining Convention*）及《廢止強迫勞動公約》（*Abolition of Forced Labour Convention*）；以及我國未批准之《禁止強迫勞動公約》（*Forced or Compulsory Labour Convention*）、《結社自由及保護組織權公約》（*Freedom of Association and Protection of the Right to Organise Convention*）、《准予就業最低年齡公約》（*Minimum Age Convention*）及《禁止和立即行動消除最惡劣形式童工勞動公約》（*Worst Forms of Child Labour Convention*）等[2]。

　　因此，當談及企業與人權時，除了著眼於「利害關係人」（如鄰人、消費者等）外，最主要的是著眼於「勞工」之人權。在遵守國內勞動法之強行規定外，依照前述國際公約之精神，企業必須針對「結社自由及團體交涉權」、「強制勞動」、「兒童勞動」及「排除僱用及職業上歧視」等面向，落

---

[2]　公約內容可參考人權公約實行監督聯盟網站之整理，https://covenantswatch. org.tw/ilo%EF%BD%9C%E5%9C%8B%E9%9A%9B%E5%8B%9E%E5%B7%A5%E5%85%AC%E7%B4%84/（最後瀏覽日：2024年6月7日）。

實勞權之尊重及保護。

 Q2 各國對於商業與人權之立場及動向？

　　聯合國人權理事會所公布之 UNGPs 本身並無法律拘束力，而只是期待企業能夠自發地參考其內容，儘可能地建立尊重人權的架構。

　　然而，近來許多國家已將 UNGPs 中所定之「為避免、減輕人權侵害風險而進行之調查、在發生人權侵害時的對應，以及與利害關係人間的對話過程」，透過內國法規定課予企業實行之義務。

　　例如，歐盟於 2022 年公布《企業永續盡職調查指令》，要求歐盟加盟國必須透過內國法將對於人權、環境等的盡職調查義務化[3]。另於同年公布《企業永續報告指令》，使銷貨或提供服務於歐盟市場之域外企業自 2024 年度起亦有適用。

　　德國於 2021 年制定《供應鏈盡職調查法》，課予符合條件之企業（含外國企業）對於供應鏈人權、環境風險之注意義務，包括建立風險管理體制、做成並公告人權報告書等。荷蘭則於 2019 年制定《童工盡職調查法》，要求在荷蘭市場營業之所有企業，應於該法施行後 6 個月內，針對供應鏈是否存在

---

[3]　福原あゆみ，《基礎からわかる「ビジネスと人権」の法務》（中央經濟社，2023年），第3-5頁。

違法童工，實施人權盡職調查（human rights due diligence，詳後述），並揭露調查結果，不遵守者將可能面臨巨額罰鍰或刑事責任。

　　相對於強行規定，日本於 2022 年公布《供應鏈人權尊重指引》。其內容係參考 UNGPs 之規定並根據國際標準，以諸多具體案例，更詳盡地說明為了實現人權尊重而須採取的對策。雖無法律拘束力，但提供在日本經營事業之企業（包括日本國內外公司、集團企業、供應商等）作為參考。

表 6-1　各國人權動向整理表

	各國動向
2011	• 聯合國人權理事會通過《聯合國工商企業與人權指導原則》（UNGPs） • 《OECD 多國籍企業指導綱領》（*OECD Guidelines for Multinational Enterprises*）修正
2015	• 英國制定《現代奴隸法》（*Modern Slavery Act*）（2022 年修正） • 聯合國公布 2030 永續發展目標（SDGs）
2017	法國制定《企業注意義務法》（*Corporate Duty of Vigilance Law*）
2018	• 澳洲制定《現代奴隸法》（*Modern Slavery Act*） • 《OECD 責任商業行為盡職調查指南》（*OECD Due Diligence Guidance for Responsible Business Conduct*）
2019	荷蘭制定《童工盡職調查法》（*Child Labour Due Diligence Law*）
2020	日本公布《商業與人權相關行動計畫》（*National Action Plan on Business and Human Rights*）

表 6-1　各國人權動向整理表（續）

各國動向	
2021	• 德國制定《供應鏈盡職調查法》（The Act on Corporate Due Diligence Obligations in Supply Chains）（2023 年生效） • 美國制定《防止維吾爾人強迫勞動法》（Uyghur Forced Labor Prevention Act）
2022	• 歐盟公布《企業永續盡職調查指令》（*Corporate Sustainability Due Diligence Directive*）及《企業永續報告指令》（*Corporate Sustainability Reporting Directive*） • 日本公布《供應鏈人權尊重指引》（*Guidelines on Respect for Human Rights in Responsible Supply Chains*）

　　而我國法中，固然已將企業針對自身勞工之結社自由及團體交涉權（《工會法》、《團體協約法》及《勞資爭議處理法》等）、禁止強制勞動（《勞動基準法》第 5 條）、童工之保護（《勞動基準法》第 44 條、第 45 條）及排除僱用及職業上歧視（《就業服務法》第 5 條第 1 項）等明文規定，惟尚未如歐盟或德國等將人權盡職調查（包含對於供應鏈之人權風險評估）列為法定義務。

　　然而，《上市上櫃公司永續發展實務守則》中，要求上市（櫃）公司應遵守相關法規，以及遵循國際人權公約，如性別平等、工作權及禁止歧視等權利；為履行其保障人權之責任，並應制定相關之管理政策與程序（第 18 條）。此外，也建議上市（櫃）公司宜訂定供應商管理政策，要求供應商在環保、職業安全衛生或勞動人權等議題遵循相關規範，於商業往來之前，宜評估其供應商是否有影響環境與社會之紀錄，避免與企

業之社會責任政策牴觸者進行交易（第 26 條）。

　　作為鼓勵上市（櫃）公司實踐人權之誘因，證交所亦分別將企業是否有參考國際人權公約、制定保障人權政策及設置具體管理供應商之方案，並將相關政策及執行情形揭露於公司網站或年報等，列入公司治理評鑑之指標[4]。此外，GRI 準則亦自2021 年改版起，將人權與盡職調查納入揭露標準，要求企業須說明其如何實踐尊重人權的政策承諾，以及如何將承諾貫穿於組織活動與商業關係之中[5]。

　　綜上可知，企業應評估自身或關係企業之「員工」是否存在人權風險外，亦須將「供應商」列為評估對象。

Q3 企業應該要做什麼？

　　參考 UNGPs 之規定，為履行其尊重人權的責任，企業應制定與其規模和處境相應的政策和程序，包括：(1) 履行其尊重人權責任的政策承諾；(2) 實行人權盡職調查程序，以辨識、防免和減緩人權影響，並對其處理自身人權影響的方式負責；(3) 為其所造成或加劇的任何人權之負面影響提供救濟的

---

[4]　113年度公司治理評鑑指標可參公司治理中心網站，https://cgc.twse.com.tw/evaluationCorp/listCh（最後瀏覽日：2024年6月7日）。

[5]　GRI 1：基礎2021章節2.3，可參GRI準則正體中文版翻譯，https://www.globalreporting.org/how-to-use-the-gri-standards/gri-standards-traditional-chinese-translations/（最後瀏覽日：2024年6月7日）。

程序[6]。具體而言，包含以下三部分：

(1) 企業應訂定與人權相關之企業方針

　　企業必須參考公司內外的專業建議，訂定經營高層亦承認的人權方針（UNGPs 16）。訂定後，應將人權方針公告，並使全體員工、交易對象及其他利害關係人知悉，並應將方針反映於事業方針上。

(2) 企業應建立體制並實施人權盡職調查

　　企業應進行人權盡職調查以具體化其對於人權之（包含既有的及潛在的）負面影響（第 17 項）。調查結果應提供給相關部門，並採取適切的因應（第 19 項）。企業必須追蹤所採取之因應是否有效（第 20 項），且將調查結果及採取之因應公告時，亦應同時讓利害關係人知悉（第 21 項）。

(3) 企業應建立人權救濟制度

　　經確認存在對於人權之負面影響時，企業應給予正當的救濟管道（第 22 項）。企業自己也必須建立迅速且有效的申訴管道（第 29 項），或是與業界團體或其他利害關係人一起建立申訴管道（第 30 項）。

---

[6]　橫井傑、北村健一，〈人権尊重ガイドラインへの實務対応〉，《ビジネス法務》，2023年1月號，2022年11月，第20-24頁。

　　我國《上市上櫃公司永續發展實務守則》第 18 條第 2 項亦參考 UNGPs 之內容，要求上市（櫃）公司應制定相關之管理政策與程序，其內容包括：(1) 提出企業之人權政策或聲明；(2) 評估公司營運活動及內部管理對人權之影響，並訂定相應之處理程序；(3) 定期檢討企業人權政策或聲明之實效；(4) 涉及人權侵害時，應揭露對所涉利害關係人之處理程序。

　　其中，「評估」公司營運活動及內部管理對人權之影響，並訂定相應之處理程序，即為所謂「人權盡職調查」之核心。

 什麼是人權盡職調查？

　　根據聯合國「商業和人權工作小組」所提出之指引[7]，人權盡職調查有四個核心要素：

(1) 風險辨識與評估：將企業、供應商等對於人權的負面影響予以具體化，並進行評估。

(2) 採取行動：根據評估結果，採取防止、減輕之因應措施。

(3) 檢視成效：對於因應措施實效性進行追蹤。

(4) 對外溝通：對利害關係人（特別是會受影響者）公告並揭露因應措施。

---

[7]　United Nations Working Group on Business and Human Rights (n.d.), "Corporate Human Rights Due Diligence – Identifying and Leveraging Emerging Practices," United Nations Human Rights Office of the High Commissioner, https://www.ohchr.org/en/special-procedures/wg-business/corporate-human-rights-due-diligence-identifying-and-leveraging-emerging-practices (last visited: 2024/6/7).

Q5　人權盡職調查如何進行？

　　參考日本《供應鏈人權尊重指引》之建議，人權盡職調查之進行可參考以下步驟[8]。

(1) 辨識特定風險

　　首先，必須辨識企業已發生或可能發生之對於人權之負面影響（風險），並判斷該等影響是否對企業本身、或是產品服務造成負面影響，並列出其優劣順序，決定調查的先後。

表 6-2　特定風險種類

風險	內容
行業風險	根據企業之特性、活動、產品和製造過程，考慮該行業內全球普遍存在的風險。
商品及服務之風險	與在開發或提供特定的製品或服務時所使用的原材料等、或開發工程或生產過程相關的風險（勞動安全等）。
地域風險	較行業風險更高之特定國家或地域所存在之風險。例如：管理風險（監督機關之寬嚴、法律支配高低、貪污程度）、社會經濟狀況（貧困率及就學率、特定人口之結構性問題、歧視問題）等。
企業固有風險	與特定企業相關之問題。例如：管理薄弱、過去對於人權不夠重視等情形。

---

[8]　経済産業省，《責任あるサプライチェーン等における人権尊重のためのガイドライン》（2022年9月）。

(2) 持續進行對話

　　為了具體化並評估負面影響所需的資料，必須與勞工（包含工會、勞方代表等）、利害關係人（包含消費者、市民團體、人權團體、周邊居民等）等進行對話。

　　具體而言，可現場稽查勞動環境、對於勞工等之訪談、書面調查等（例如，請上游各供應商提供問卷回函，調查財報、契約書等內部文件或公開資料），甚至委託第三方單位進行調查。

　　由於需評估者不限於自身企業，甚至須透過集團關係企業或是供應商間接取得人權盡職調查所需之資料。我國實務上，有於母公司成立隸屬於董事會之「企業永續發展委員會」，並任命高層主管負責建立管理體系，並將此一要求延伸到供應商或分包商，以達到統合縱向組織間調查程序之目的[9]。

　　而與企業併購時的一次性盡職調查不同，人權盡職調查應進行「持續性」的影響評估。除了「定期」進行外，在進行新的事業或是新的交易、準備對既有事業進行重大的決定或變更（例如，擴大市場、銷售新產品、變更方針或大幅變更事業）、或是事業環境產生變化或預見將產生變化時（例如，社會不安感高漲導致之治安惡化），宜考慮進行「非定期性」的影響評估。

---

[9]　可參證交所於2024年3月29日發布的《「股份有限公司永續發展委員會組織規程」參考範例》。

(3) 採取因應措施

① 如發現企業自己對於人權有負面影響、或是有助長負面影響時

〔例 1〕發現公司內部有沒收技能實習生的護照，甚至與技能實習生簽署代管存款之契約時，則應要求各部門、甚至供應商確認有無類似行為，並告知該行為違法且必須停止。

〔例 2〕企業販賣予交易對象之化學物質，在交易對象之工廠加工時，因與其他化學物質併用，而導致湖水污染，進而造成周邊居民健康危害時，則應重新告知該交易對象，要求其使用化學物質時須特別留意，務必不得再與其他化學物質併用，並要求交易對象不得再讓有害物質發生 [10]。

② 如發現企業之事業等與人權負面影響有直接關聯時

〔例〕經確認供應商有違法聘用童工時，應要求供應商提供僱用紀錄，並於分析為何供應商會僱用童工之原因後，要求供應商徹底建構適切管理體制，以防免繼續僱用童工。另外，企業亦可要求供應商協助相關 NGO 之活動，以改善因困苦而必須工作之兒童生活等。

如要求供應商改善未果，則宜考慮重新檢討是否持續與其交易。然而，許多情形下，逕行停止交易未必能解決存在於交易對象之人權負面影響。例如，對於以低廉薪資僱用勞工之血汗工廠，立即停止交易反而會造成勞工無以維持生計。因

---

[10]　同註8，4.2.1.1章節，第20-21頁。

此，必須考量個案情形，充分檢討繼續交易或停止交易所產生之影響後，在兼顧排除人權侵害風險之同時，採行對於人權影響最輕微之做法（例如，即便要停止交易並更換其他供應商，亦應在停止交易前提供交易對象充足資訊，俾使其可適切改善，或在停止交易前給予交易對象充足之預告期間）[11]。

Q6　對於供應鏈之影響？

　　雖然於我國進行人權盡職調查尚非法定義務，然因目前歐盟等地域已將此列為義務，故即便是域外企業，只要符合銷貨或服務提供對象係位於該地域內等條件，將一體適用。在全球化的浪潮下，即便是我國公司，擔任產品供應鏈其中一環之供應商乃至分包商，亦可能被要求配合人權盡職調查。

　　為了因應下游廠商實踐人權之需求，供應商須提供問卷、資料等，並配合開放廠區進行稽核。如調查結果發現存在人權負面影響，則必須執行因應措施。為了配合實踐 ESG 的過程，可預期供應商將產生相當的成本。

　　甚至，供應商可能被要求簽署書面以承諾對自身、乃至於上游供應商人權議題之管理，並符合交易對象所制定之「供應商行為準則」等。對於議約地位較弱勢的供應商而言，在無法排除上游供應商是否存在人權問題之同時卻為此承諾，將可能

---

[11] 同註8，4.2.1.3章節，第22-24頁。

因此承擔違約風險。

　　然而，對於供應商而言，若無法配合交易對象所要求之人權盡職調查，將可能因此失去交易機會。如同 UNGPs 規定，供應商除應優先遵守其各自所屬國之強行法規外，亦應遵循國際人權公約，勢必要自行進行辨識、評估，以確保自身或其上游供應商亦不存在對於人權之負面影響。而供應商在揭露自身資料予交易對象之同時，也應留意須與交易對象簽訂保密契約，將資料使用範圍限縮於人權盡職調查，避免資料遭到惡用。

 Q7　對於供應鏈進行人權盡職調查將產生之法律問題？

　　對於企業而言，要求供應鏈配合人權盡職調查而請求提供資料時必須有所依據。如企業（海外子公司）之登記國、或營業活動地區已將實施人權盡職調查義務化，或可以該法令作為依據（如歐盟、美、英、法、荷、澳、德等）。然而，若法令未能直接適用，則必須透過與供應商之契約，設定必要之配合義務（如得對供應商實施現場檢查或要求提供資料等）。是以，在與供應商議約時，應留意將必要條款加入契約中。

　　而供應商為配合人權盡職調查，所提供之資料可能包含勞工、利害關係人之個人資料。此時應遵守我國《個人資料保護法》，並須確認是否將涉及他國個人資料之保護規範。例

如，供應商提供個人資料時，是否需取得勞工等之同意？或是否須事前向勞工等踐行法定告知義務？將該個人資料進行跨境傳輸時（如供應商將位於歐盟成員國中之勞工個人資料傳輸至他地區）是否應踐行法定程序[12]？

　　此外，企業在要求供應商提供資料之同時，如恣意索取資料，不能排除有遭認定濫用市場優勢地位、不正當限制交易相對人事業活動之風險。如供應商（或其母公司）在其他領域與企業互為具競爭關係之同一產銷階段事業，甚至有可能遭誤認有聯合行為之疑慮。是以，企業應留意資料之索取，必須於實行人權盡職調查之必要範圍內為之，以避免牴觸各國競爭法之規定。

---

[12] 第一東京弁護士会総合法律研究所，《最先端をとらえるESGと法務》（清文社，2023年3月），第300-314頁。

Chapter 7

循環經濟之行政管制：
以歐盟法之行政管制為
中心

　　據行政院統計，我國 2023 年的最大宗出口產品為電子零組件，且對歐洲的出口量也逐年攀升，作為我國經濟命脈的電子製造業，在已經或即將進入歐盟市場的此刻，勢必得面臨歐盟嚴峻環保法規的挑戰，並支出相當的諮詢時間、成本。

　　相較我國現行法制，歐盟在循環經濟法制上之規劃較為完整，且我國近年在循環經濟政策動作頻頻之際亦多次援引歐盟動向，這點在行政機關所發布之新聞稿中已有跡可循。這也正是本章撰寫的初衷，亦即為讀者概覽歐盟近期環保法規的發展，使有意將產品銷往歐盟之企業能預做準備，即便產品單純內銷之企業，也能先一步洞悉國際上之立法趨勢，以免將來我國朝此方向修訂法令時措手不及。

Q1　何謂循環經濟？

　　循環經濟概念，是指從產品生命週期之角度出發，從產品設計、原料採購、產品製造、經營銷售、消費使用、廢棄與回收之過程中，盡量思考如何能使所有物質得到適當、合理且持久之使用，減少資源耗損及廢棄物體產生[1]，並使廢棄物成為具

---

[1]　翁敬翔，《由歐洲聯盟循環經濟法制發展檢討我國廢棄物體管理法制之修正》，國立政治大學法律學系碩士論文，2019 年，第 22-23 頁。論者認為，為了與傳統線性經濟思維下以有效清除及清理為主軸之「廢棄物」清理法制做區隔，故在納入循環經濟思維之法制度上，宜以「廢棄物體」作為英文中「waste」之譯名。無獨有偶，我國環境部升格後預告於 2023 年公布並融合

新生產週期之原料。換言之，並非採取搖籃到墳墓的線性思考，而是採取搖籃到搖籃的封閉迴圈。

　　循環經濟關注的是企業能否在各階段（不僅限於末端之回收階段）之資源使用達成循環，其中最重要之指標為生態設計，蓋為使原料採購、產品製造、經營銷售、消費使用、維修、廢棄或回收過程中能減少資源消耗、降低排碳，均仰賴於產品設計時，預先將永續元素納入產品週期之考量。

圖 7-1　循環經濟迴圈

現行《廢棄物清理法》及《資源回收再利用法》之「資源循環利用法」草案中，也特意將「廢棄物」改稱為「廢棄資源」以宣示其理念之轉變，可參彭宣雅，〈「廢棄物」變「廢棄資源」 資源循環促進法明年2月預告〉，《聯合新聞網》，2023年10月13日，https://udn.com/news/story/7266/7502716（最後瀏覽日：2023年10月16日）。惟由於草案正式公告前無從確認其立法理由，故暫以論者主張之「廢棄物體」作為歐盟法下「waste」之譯名。

> **Q2** 何謂生態設計？歐盟生態設計之思維對我
> 國企業之啟示？

　　所謂生態設計，是指於產品設計階段，即考量產品生命週期各階段是否均能有助於達成永續目標。各階段分別包含採購、生產、消費、維修、回收等，具體內涵為如下：

(1) 綠色採購及供應鏈管理：透過採購對環境衝擊較小之原料，並透過自身影響力，影響供應商關注 ESG 議題。

(2) 綠色生產：採用對環境、社會或經濟之負面影響較小之製程。

(3) 綠色消費：選擇消費對環境、社會或經濟之負面影響較小之商品。

(4) 維修再利用：透過維修手段，延長產品生命，減少採購新品之需求，並減少廢棄物產生，進而達到環境永續目標（詳參 Chapter 8）。

(5) 廢棄物回收再利用：將廢棄商品中可以再利用之部件納入新的生產週期，以減少廢棄商品之數量。

　　關於生態設計之規範，歐盟現行有效存續之生態設計法規，為 2009 年時通過之《生態設計指令》（Directive 2009/125/EC）。此外，自新循環經濟行動方案公布後，歐洲聯盟執行委員會（European Commission，下稱「歐盟執委會」）也於 2022 年 3 月提出了新「生態設計規則」草案（Proposal for Ecodesign for Sustainable Products Regulation, ESPR）。惟目前臺灣尚無相關規定。綜上可知，透過生態設

計之手段，能將永續理念落實在產品生命週期之每個環節，進而減少資源浪費及碳排放。故近來有研究指出，當企業集中資源追求生態設計等循環經濟概念下之重要指標時，其企業社會責任之評估表現也愈突出[2]，因此我國企業為展現企業永續發展之積極態度，或擬於永續報告書揭露含金量高的實質作為時，亦得考慮將生態設計之思維納入企業之 DNA 中。

> **Q3** 何謂歐盟之新循環經濟行動方案？對我國之影響？我國如何參考借鏡？

　　近年歐盟執委會為達成 2050 年碳中和之政策目標，在發布新循環經濟行動方案（New Circular Economy Action Plan，下稱「新 CEAP」）後，陸續草擬了相關指令、規則之修正草案並送歐盟議會及歐盟理事會審議，且由歐盟執委會提出相關子法加以補充，共同構築從設計、生產、經銷、維修、收集及回收、最終處置之「從搖籃到墳墓」架構。

　　有關歐盟之新 CEAP，歐盟自 2015 年 12 月提出第一份 CEAP 並實施完畢後，為了配合 2019 年所提出之《歐盟綠色協議》（*European Green Deal*）所設定於 2050 年前實現氣候中和（climate-neutrality）之目標，因此在 2020 年 3 月通過

---

[2]　Tao Hong, Jinghua Ou, Fu Jia, Lujie Chen& Ying Yang (2023), "Circular Economy Practices and Corporate Social Responsibility Performance: The Role of Sense-giving," *International Journal of Logistics Research and Applications*, pp. 23-24.

此一新方案，希冀藉由推進循環經濟，同時達到保護自然環境、增強經濟競爭力[3]。其主要目的若以客體、主體面區分，約可分為二：(1)「產品生命週期之永續化」，並特別專注於資源使用量大，且具有高度循環可能性之項目（如電子資訊產品）；(2) 建構「維修權」等相關權利義務之「消費者賦權」，確保消費者能夠取得備用零件、近用維修服務，並升級電子產品或其軟體[4]。

　　例如，針對電子資訊產品，歐盟執委會在行動方案下做成了電子設備循環倡議（Circular Electronics Initiative），希望促進產品生命週期之延長，並在生態設計上修法，針對手機、平板、筆電等電子設備進行管制，要求這些設備達到一定之「耐用性」、「可維修性」、「可升級性」、「可再利用性」及「可回收性」，並優先在電子及資訊產品實施「維修權」，針對行動裝置或其他相類似裝置之充電器，引入共同規格，同時改善線材之可耐用性，以及讓消費者購買新機時不再重複購買充電器，而在生命週期之末端則希望改善廢電子電機設備之管理方式[5]。

　　至於上述歐盟的規定，是否會對我國發生影響？按生產者並非設立於歐盟境內，境內亦無獲生產者授權之「授權代表人」，則應由「進口者」確保產品符合本指令及子法要求（《生

---

[3]　European Commission (2020), *Communication from the Commission to the European Parliament, the Council, the European Economic and Social Committee and the Committee of the Regions: A new Circular Economy Action Plan for a cleaner and more competitive Europe*, pp. 2-6.

[4]　*Id.*

[5]　*Id.*, p. 7.

態設計指令》第 4 條），而所謂「授權代表人」則是指「任何在歐盟設立，且獲生產者書面授權，得代表其履行本指令全部或部分義務和手續之自然人或法人」（《生態設計指令》第 2 條第 7 項）。因此，前述歐盟之新 CEAP，原則上不會直接對於設立於歐盟境外者發生影響（除非於歐盟境內設有授權代表人），惟如境外生產者擬將商品出口至歐盟時，因進口者亦受前述歐盟規定之規制，故進口者理論上也會要求境外生產者應符合歐盟相關指令。因此，上述歐盟規定也會間接地影響我國企業。

　　此外，上述歐盟的規定對於我國可以有什麼參考或借鏡之處？現階段我國關於永續資訊揭露及相關法令，針對供應鏈管理、製程管理、降低碳排、資源回收再利用等，雖或多或少有所涉獵，惟關於維修義務，或須於產品設計之初即應進行生態設計、預先規劃並延續產品生命週期等規範則較為欠缺，縱我國法規尚無相關限制，惟各企業得預先考慮將來遭供應鏈上游要求、或我國將來修法所生之轉型風險，預為 ESG 風險管理，甚至將之作為 ESG 優化之指標與目標，因此歐盟上開思維仍值得我國企業加以參考借鏡。

企業如何滿足歐盟將來新法對生態設計之要求？

(1) 性能要求（performance requirement）

　　根據新法草案，產品就性能表現上應符合本法及授權子法所定之性能要求（草案第 6 條第 1 項），而歐盟執委會應充分考量產品完整生命週期後，就不同類型產品群建立適合之生態設計要求，以改善以下面向：**產品之耐久性（durability）、可靠性（reliability）、可重複使用性（reusability）、可升級性（upgradability）、可維修性（reparability）、維修整新之可能性（possibility of maintenance and refurbishment）、所含有之關注物質（presence of substances of concern）、能源使用及其效率、資源使用及其效率、能夠回收之內容、再生產或回收之可能性、原物料還原之可能性、對環境之影響（含碳足跡及環境足跡）、廢棄物體之預期產生**（草案第 5 條第 1 項）。

　　值得注意的是，歐盟執委會也必須基於當下所能取得之最佳證據、最佳分析進行生態設計要求之影響評估，確保要求之內容與該產品之重要性合乎比例（草案第 5 條第 4 項第 a、b款）。另外，生態設計要求之內容也不應對產品功能造成（對使用者而言）顯著不利影響、對人之安全與健康有負面影響、造成消費者對相關產品負擔能力有顯著不利影響、對至少包括中小型企業在內之經濟參與者造成顯著不利之競爭影響、讓生

產者或其他經濟參與者需要實施專有技術（proprietary tech-nology）或承擔不成比例之行政成本（草案第 5 條第 5 項）。這些都是歐盟法為避免造成業者過重負擔所做的權衡之處。

　　而為確保生產者所生產之產品能夠遵循上述性能要求，本法也賦予歐盟執委會於適當時能要求供應鏈參與者，須於生產者、受通知者、會員國主管機關提出請求後，向其提供與供應鏈參與者之供應或服務相關，且能夠用於驗證生態設計要求遵循情形之相關資訊；或於資訊無法取得時，讓生產者能夠評估供應鏈上參與者之供應或服務以驗證遵循情形，並讓生產者近用相關文件或設施；或讓受通知者及會員國主管機關能夠驗證與其活動具相關性，且驗證生態設計要求之遵循情形相關資訊之正確性（草案第 5 條第 6 項）。

(2) 資訊要求（information requirement）

　　根據草案，產品應符合草案第 5 條第 1 項及子法所定與產品相關之資訊要求（草案第 7 條第 1 項），且這些資訊之內容應至少含有本法所新增訂之產品護照、與關注物質相關之資訊，並於適當時要求產品上記載產品性能相關資訊、供消費者及其他終端使用者瞭解如何安裝、使用、維修產品以最小化對環境影響，以及如何確保產品之最佳耐久性、如何在產品生命週期末端進行返還或最終處置（disposal）；能夠拆解、回收、對產品進行最終處置之處置設施（treatment facilities）之資訊，以及其他為改善產品性能而可能影響生產者以外之人處理產品方式之資訊（草案第 7 條第 2 項）。

　　其中，就關注物質資訊記載之要求，草案更進一步規定所記載之資訊，原則上應確保能夠在產品生命週期任何時刻追蹤所有關注物質，且應至少包含：產品中所含有之關注物質名稱、關注物質存於產品中之位置、關注物質在產品或主要零件、備品中之濃度、最大濃度或濃度範圍、產品安全使用之相關指示、拆解產品之相關資訊（草案第 7 條第 5 項前段）。就上述資訊要求應如何提供，草案則規定應至少記載於下列任一處後提供，包括：產品本身、包裝、數位產品護照、其他本法所要求之標誌、使用者手冊、能夠免費存取之網站或應用程式（草案第 7 條第 6 項）。

　　綜上所述，歐盟新法草案固然鞏固了「生態設計要求」的重要性，並做出原則性規定，但實際上在個別產業管制時仍然會因地制宜，仰賴歐盟執委會做出更細節上的要求。我國雖尚無上述規範，惟企業仍得自願性地，將此作為企業永續之具體做法或目標，用以落實企業永續發展。以智慧型裝置為例，歐盟執委會在草案通過前，便已在 2023 年 6 月基於《生態設計指令》之授權，發布《智慧型手機、平板之能源標誌要求授權規則》（Commission Delegated Regulation (EU) 2023/1669）及《生態設計要求之執行規則》（Commission Regulation (EU) 2023/1670）等兩項子法，要求智慧型手機、平板以能源標誌之方式記載含有不同層級之能源效率規模、每一充電循環之耐久性、防摔可靠性之層級、可維修性之層級、電池能夠充電循環之次數、電池防水係數、依新 CEAP 對電子設備之循環目標，補充指令授權下之空白。因此，將來新法倘若通過，歐盟執委會會針對哪些產品、發布或修訂哪些子法，便會是業者最需密集注意的部分。

Chapter 8

ESG 思潮之下的
智慧財產權檢視：
以「維修權」為例

　　智慧財產權之本質，與經濟利益的分配有關。智慧財產權向來以「排他權」方式保障權利人，經常視「合理使用」等智慧財產權限制爲外部成本。其中，近年最夯的設計專利「維修權」議題亦然，反對「維修權」者更將此視爲對於傳統專利排他權的重大挑戰，支持「維修權」者之立論，則有一部分隱隱靠向環境及在地化議題等，已暗示 ESG 風潮的觀點日後在智慧財產權領域可能掀起的波瀾。

> ### **Q1** 什麼是「維修權」？與智慧財產權之關係？

　　「維修權」目前在臺灣法律上還沒有定義與規範。若從廣義上來說，「維修權」指的是消費者購買產品後，擁有「修繕所有物的權利」，不論是消費者自行動手維修，請維修業者進行維修，或送回原廠維修，都屬於「維修權」的範疇。智慧財產權領域內，有專利、著作權甚至商標權等排他權制度，廠商經常利用此類制度，將消費品之維修權技術性地壟斷爲廠商（原廠）享有，如此一來可以擴大原廠的經濟利益，相對來說，也限制了副廠或其他廠商自行維修的權利（提高其成本）。

　　消費者開始省思，智慧財產權是否遭到不合理地擴張利用？消費者是否應享有依自己的選擇、以合理費用修繕其所有物之權利（維修權）？這是近年重要的智慧財產權議題，臺灣更是發生了代表性案例，即一般所稱之賓士公司與帝寶工業車

燈案[1]。

Q2　「維修權」與 ESG 的關係？

　　在現今「鼓勵消費」的經濟模式下，有認為各廠商係「計畫性」地強迫消費者淘汰商品，例如，3C 產品不同代之間，插頭不一樣，軟體不相容，消費者就必須購買新產品才能繼續使用，或者廠商透過系統更新使產品效能降低、不提供維修零件、增加維修難度等「計畫性報廢」（planned obsolescence）策略，強迫消費者不斷汰舊換新，讓廠商獲得「重複消費」之利潤，再搭配商品不斷推陳出新，用更新穎的產品來刺激消費，創造出商品的流行文化，洗腦消費者追求「快速消費」，逐步造就今日資本主義下「失控的拋棄式文化」，當然更不鼓勵維修，尤其是廉價維修。

　　我們經常碰到，想將手機螢幕送回原廠維修換新，送修時間動輒 6 至 8 週起跳，報價甚至比直接換新還高昂。縱使消費者想自己找小型維修業者，維修技術與品質亦不如原廠。由此可見，不論是設計上或其他原因導致維修困難提高、維修據點少、維修耗時長、維修費用高昂等，種種不合理的維

---

[1]　智慧財產法院106年度民專訴字第34號判決；智慧財產及商業法院108年度民專上字第43號判決；最高法院112年度台上字第9號判決；智慧財產及商業法院112年度民專上更一字第6號審理中，尚未確定。

修成本與障礙，都大幅降低了消費者的維修意願，導致產品從原料開採、生產製造、使用後丟棄、進到焚化爐或掩埋場（take → make → use → dispose），這種單向的生命週期，成為了所謂的「線性經濟」（linear economy），對「永續環境保護」、「消費者權益維護」、「公司治理（風險辨識）」等ESG 面向，都造成一定的衝擊與排擠效應。

> **Q3** 「維修權」與「智慧財產權」的拔河？

　　「維修權」與「智慧財產權保護」之衝突及扞格，可以從「原廠」與「副廠」的「零件之爭」談起。臺灣近期矚目的「賓士公司（原廠）vs. 帝寶工業（副廠）」一案，更在「維修權」之辯論上掀起了一場大戰。

　　原告賓士公司（原廠）主張被告帝寶工業（副廠）製造及販賣之汽車頭燈產品侵害其「車輛之頭燈」設計專利（中華民國第 D128047 號），請求賠償 6,000 萬元。我國智慧財產及商業法院一審判決帝寶工業敗訴，需賠償賓士公司 3,000 萬元，二審法院亦維持相同看法，但降低賠償額為 1,812 萬元，本案經最高法院審理後撤銷原判決，發回二審更審中。

　　前兩審法院均判決帝寶工業敗訴，對臺灣非常多從事售後市場（aftermarket，或稱 AM 市場）的汽車售後零件產業不啻為一「核爆級」判決，可能重大影響臺灣汽車售後零件業之發展。臺灣既為製造業大國，如整體經濟環境不利於汽車售後零

件業者生存，該等業者揚言不排除將工廠遷移到中國、馬來西亞等地，屆時勢必對臺灣經濟造成重大衝擊。不過，另有論者則認為，臺灣既然強調重視智慧財產權，並以此吸引內外資投資產業，不應貿然挑戰已經形成的專利秩序，在沒有充分認知與考慮下，引進形同壓縮專利權人權益的「汽車維修免責」制度（即一般所稱維修權）。

　　「維修免責條款」（repair clause）這種豁免制度，是讓複合性產品（由多個零件所組成的產品，如汽車、智慧型手機、鐘錶等）之零件設計行為，可以豁免於設計權保護的一種制度。反對此制者認為，外國企業之所以願意來臺灣生產製造，是因為臺灣對智慧財產權保護極高，而維修免責條款將有架空設計專利保護之疑慮，屆時外商對於來臺投資可能卻步；但支持者則認為，維修免責將可以適度緩和專利過於壟斷的現象，尤其鬆綁之後，將使副廠產品有機會參與競爭，對於價格合理化、效率化都有幫助，無論從消費者權益、在地生產、就業機會、減少碳排、避免浪費等，都有機會產生較多可能，這一類支持論點，似乎也與 ESG 當中的在地生產、勞動及減少碳排放等議題在無形中開始產生了連結，也許正是這樣的原因，某些國家因此也已經開始採行維修權制度。依據公開資訊，「國際上已有維修權益條款之國家有德國、英國、義大利、西班牙、荷蘭、愛爾蘭、澳洲、波蘭、奧地利、比利時、盧森堡、拉脫維亞、匈牙利、新加坡及其他前英國殖民地等國。一般認為作為汽車製造大國之德國、法國等，必然反對該等條款，然德國於 2020 年、法國於 2021 年，都正式修法

8

採納了維修權益條款，成為重要的里程碑」[2]。

 建構適合 ESG 時代的智慧財產權觀點？

　　智慧財產權具有各國概同的特性，此為智慧財產權制度本即出自保障智慧財產權強勢國所使然。透過全球化體系，使得傳統智慧財產權架構有機會勢如破竹，橫掃全球產業及各國法制。然而隨著對無限度全球化思潮的質疑、反思，無論在企業社會責任或 ESG 面向上的需求，已經不再是綴飾性配角，正如同公司未必能再以「營利」為唯一目的，還必須兼及「遵守法令及商業倫理規範」、「增進公共利益」、「善盡社會責任」（我國《公司法》第 1 條第 2 項參照）。

　　智慧財產權所賦予的排他權，目的雖在保障原廠經濟利益，然是否當然如此權威不可挑戰，尤其有沒有辦法兼及 ESG 各面向，提出合理的答案，是各種智慧財產權接下來在 ESG 時代無法迴避的重要議題。如果「維修權」能充分從 ESG 觀點出發，對強調經濟利益的智慧財產權提出有力質疑，將有更多機會對傳統智慧財產權制度提出挑戰，無論是在設計專利中所謂「維修權」議題，或普遍存於各種智慧財產權制度的「合理使用」（排除規定）觀念，都將會成為重要的思考方向。

---

[2] 楊蕙如，〈設計專利維修免責條款相關問題研析〉，《立法院》，2022年8月4日，https://www.ly.gov.tw/Pages/Detail.aspx?nodeid=6590&pid=220487（最後瀏覽日：2024年4月26日）。

Chapter 9

ESG 與競爭法

　　ESG 已蔚爲全球發展潮流，更是當代事業追求永續的願景與使命。除了事業本身的自我實踐，事業與事業間就永續發展的競爭與合作，集結大規模的資源與力量來推動永續發展目標，更是實現永續發展不可或缺的關鍵。

　　然而，永續發展的追求雖立意良善，但事業間的競爭與合作，也可能對市場或產業形成限制競爭的負面效果。以永續發展爲名的行動，其目的與效益可否正當化該限制競爭的結果，而例外獲得主管機關的允許，即屬 ESG 與競爭法的重要議題。

　　此外，隨著綠色消費、公平貿易等價值逐漸受到消費者的重視，事業標榜永續、綠能、環保、維護人權、動物友善等，不僅可使其商品或服務獲得消費者青睞，也能提升該事業的商譽及整體形象。倘若事業宣稱其提供的商品或服務符合 ESG 價值，然其商品或服務的本質、來源卻與事業所稱有所不符或具重大差異，此類名不符實的「洗綠、漂綠」行爲，是否會構成虛僞不實或引人錯誤之表示或表徵，進而會有哪些競爭法上的法律責任，皆爲本章探討的重點。

　　本章以我國《公平交易法》爲主要規範架構，爬梳我國實務見解，借鑑歐盟、英國、荷蘭、日本等先進國家立法例與行政實務，作爲探討 ESG 與競爭法的法源依據。在具體議題上，本章將先從「事業間的競爭與合作」出發，探討「可永續性」可能產生的「聯合行爲」議題；次就「事業與消費者關係」，聚焦事業對其商品、服務或其廣告爲「洗綠、漂綠」所可能產生的「虛僞不實或引人錯誤表示或表徵」法律責任。

9.1 事業間的競爭與合作：以聯合行為、可永續性協議為中心

氣候變遷所帶來的實體風險（physical risk）與轉型風險（transitional risk），使事業採取 ESG 政策迫在眉睫，然事業獨善其身、自己做好 ESG 已猶不足，愈來愈多事業為了達成永續發展目標而攜手合作。舉例來說，跨國大型石油公司殼牌（Shell）、道達爾能源（TotalEnergies），為積極因應即將實施的碳稅課徵制度，於北海（North Sea）地區就已枯竭的油田聯手實施碳捕捉（carbon capture）、碳封存（carbon storage）計畫[1]；在日本，則有特定零售事業間以契約合意訂定提供一次性塑膠袋之價格[2]，以降低消費者使用一次性塑膠袋之意願與使用習慣。這些事業間就 ESG 目標的協議合作，是否可能對市場或產業形成限制競爭之效果？如是，可否以 ESG 的公益目的例外獲得有權機關之許可？即為本節探討之重點。

---

[1] Authority for Consumers and Markets (June 27, 2022), "No Action Letter for the Agreement between Shell and Total Energies Regarding a Joint Marketing Initiative for CCS Services (Project Aramis)," https://www.acm.nl/system/files/documents/no-action-letter-agreement-shell-and-totalenergies-regarding-storage-of-co2-northsea.pdf (last visited: 2024/5/12).

[2] 公正取引委員会，〈12 レジ袋の有料化に伴う事業者団体による単価統一等の取組〉，《独占禁止法に関する相談事例集（令和元年度）について》（2020年6月），https://www.jftc.go.jp/dk/soudanjirei/r2/r1nendomokuji/r1nendo12.html（最後瀏覽日：2024年5月12日）。

> ## Q1 何謂「可永續性協議」？

　　所謂「可永續性協議」（sustainability agreement），係指在同一產銷水平競爭的事業間，以可永續性（sustainability）為主要目標所建立的契約、協議或任何形式的合作方式[3]。

　　可永續性目的（sustainability objectives）並無嚴格定義或設限，舉凡為促進或達成聯合國 2030 年永續發展目標（SDGs），或為緩和氣候變遷之衝擊、減少溫室氣體排放、消弭性別與種族之歧視、促進人權及勞動權益等公共利益，在環境、社會、經濟等領域追求永續發展，均可被認定為此處之可永續性目的。

　　上述定義係參考自歐盟執委會於 2023 年 6 月 1 日頒布、同年 7 月 1 日施行的「歐洲聯盟運作條約第 101 條水平合作協議之應用指引」（*Guidelines on the Applicability of Article 101 of the Treaty on the Functioning of the European Union to Horizontal Co-operation Agreements*，下稱「歐盟可永續性協議指引」）。

　　具體而言，上述跨國大型石油公司聯合於已枯竭油田實施碳捕捉、碳封存計畫，旨在降低二氧化碳等溫室氣體對於環境

---

[3] European Commission (2023), *Guidelines on the Applicability of Article 101 of the Treaty on the Functioning of the European Union to Horizontal Co-operation Agreements*, https://eur-lex.europa.eu/legal-content/EN/TXT/PDF/?uri=CELEX:52023XC0721(01) (last visited: 2024/5/12).

的衝擊，以追求淨零碳排的長遠目標；零售業者合意訂定一次性塑膠袋之價格，以達成垃圾減量，降低環境負擔，均屬「可永續性協議」之著例。其他常見的案例，包括肉品供應商基於動物福利而訂定肉品之銷售標準，避免可食用性動物尚屬幼雛即遭屠殺，有違動物權之保障；大型電力公司協議關閉數座燃煤電廠，以減緩因燃煤所生氣體對環境形成的溫室效應；時尚設計產業設定共同目標，增加可永續性材料於其服飾之使用量，以有效利用資源並達成循環利用。

 Q2 「可永續性協議」是否構成聯合行為？

　　事業間成立「可永續性協議」是否構成聯合行為，難以一概而論，必須依據各國家或管轄權對於「聯合行為」之定義及構成要件，並依個案事實具體認定。

　　我國《公平交易法》第 15 條第 1 項本文規定：「事業不得為聯合行為。」所謂聯合行為，依據同法第 14 條第 1 項之定義：「本法所稱聯合行為，指具競爭關係之同一產銷階段事業，以契約、協議或其他方式之合意，共同決定商品或服務之價格、數量、技術、產品、設備、交易對象、交易地區或其他相互約束事業活動之行為，而足以影響生產、商品交易或服務供需之市場功能者。」聯合行為的構成要件，包括：

(1) 聯合行為之主體，須為具競爭關係之同一產銷階段事業或同業公會

依據《公平交易法》第 14 條第 1 項、第 4 項等規定，本法所管制的聯合行為，以具競爭關係之同一產銷階段事業或同業公會之「水平聯合行為」為主，並不及於事業對上下游對象之「垂直聯合行為」。

(2) 具有契約、協議或其他方式為聯合行為之合意

聯合行為之合意為非要式行為，不論是明示或默示、書面或口頭協議，或以契約、協議以外方式之意思聯絡均屬之，例如，事業間或同業公會經由聚會、餐敘相互聯絡、交換資訊以達成一致性行動者，亦可能被認定為具有聯合行為之合意。

(3) 聯合行為合意之內容，須為共同決定商品或服務之價格、數量、技術、產品、設備、交易對象、交易地區或其他相互約束事業活動

常見的聯合行為合意內容，包括共同訂定價格，限制或禁止引進特定產品、技術或設備，劃定營業區域等，足以相互約束事業之活動。

(4) 對相關市場之影響

　　《公平交易法》管制聯合行為，旨在維護市場有效競爭，避免因具有市場影響力的事業間採取聯合行為，導致市場影響力較小的事業難以與之抗衡，進而形成限制競爭的效果。倘若參與聯合行為之事業不具有形成限制競爭結果的市場影響力，則應無管制其聯合行為之必要。因此，公平交易委員會於 2016 年 2 月 3 日第 1266 次委員會議決議：「參與聯合行為之事業，於相關市場之市場占有率總和未達 10% 者，推定不足以影響生產、商品交易或服務供需之市場功能；但事業之聯合行為係以限制商品或服務之價格、數量、交易對象或交易地區為主要內容者，不在此限。」

　　自「可永續性協議」之性質觀之，如同一產銷階段間之競爭事業或同業公會，其總和之市場占有率達 10%，雖以可永續性目標為宗旨，但如其合意內容涉及共同決定商品或服務之價格、數量、技術、產品、設備、交易對象、交易地區或其他相互約束事業活動，即有可能被認定為《公平交易法》所管制的聯合行為。然具體情形，仍須依照個案事實認定。

9

Q3 「可永續性協議」如屬聯合行為，是否為法所許？

(1) 事業間「聯合行為」係採原則禁止、例外許可之規範模式

　　《公平交易法》第 15 條第 1 項規定：「事業不得為聯合行為。但有下列情形之一，而有益於整體經濟與公共利益，經申請主管機關許可者，不在此限：一、為降低成本、改良品質或增進效率，而統一商品或服務之規格或型式。二、為提高技術、改良品質、降低成本或增進效率，而共同研究開發商品、服務或市場。三、為促進事業合理經營，而分別作專業發展。四、為確保或促進輸出，而專就國外市場之競爭予以約定。五、為加強貿易效能，而就國外商品或服務之輸入採取共同行為。六、因經濟不景氣，致同一行業之事業難以繼續維持或生產過剩，為有計畫適應需求而限制產銷數量、設備或價格之共同行為。七、為增進中小企業之經營效率，或加強其競爭能力所為之共同行為。八、其他為促進產業發展、技術創新或經營效率所必要之共同行為。」

　　《公平交易法》原則禁止事業從事聯合行為，但如事業從事《公平交易法》第 15 條第 1 項但書所規定之聯合行為，符合「有益於整體經濟與公共利益」之情形，且經申請主管機關許可者，即不在聯合行為禁止範圍。依據同條第 2 項規定，主

管機關收受上述聯合行為之申請，應於 3 個月內為決定；必要時得延長 1 次。

(2)「可永續性協議」於聯合行為例外許可之可能條款

　　經查詢公平交易委員會公開資訊，截至 2024 年 5 月 12 日，尚未查得公平交易委員會准駁聯合行為的行政決定，事業申請或主張係與「可永續性目標」直接相關。考量「可永續性目標」往往具有促進與改善整體環境、社會與經濟的公益性質，應可認定其係有益於公共利益；推動良善的公司治理，除使企業自身穩健經營，更能促使市場良性競爭、整體經濟永續發展，均符《公平交易法》第 15 條第 1 項但書之要件。

　　至於「可永續性目標」適用的具體條款，觀諸《公平交易法》第 15 條第 1 項各款，雖未直接將「共同為永續發展行為或協議」定為得豁免於禁止聯合行為外之情事，然本章認為，依據「可永續性協議」之約定內容、具體措施、商業模式等，仍可進一步詳予研求可能適用的款項。

　　舉例而言，如因追求永續、增進資源利用效率，而共同研發降低耗能、環境廢棄物的商品或服務，可能適用第 2 款「為提高技術、改良品質、降低成本或增進效率，而共同研究開發商品、服務或市場」；如屬為因應我國對於 ESG 的特別要求，而對於國外商品或服務輸入我國採取共同行為，則可能適用第 5 款「為加強貿易效能，而就國外商品或服務之輸入採取共同行為」；如屬上述以外的情形，亦可能適用概括條款即第 8 款「其他為促進產業發展、技術創新或經營效率所必要之共

同行爲」。

(3) 可永續性協議與聯合行爲之比較法觀點

　　由於我國法未就「可永續性協議」明文規範，競爭法主管機關公平交易委員會亦未就「可永續性協議」訂定法規。不過，目前已有許多歐洲與非歐洲國家參酌「歐盟可永續性協議指引」或其草案，訂定有關可永續性協議之法規。

　　值得注意者係，此等有關可永續性協議的法規實際上並未創設新的規範內容，而是在既有的競爭法規範架構下，透過行政函釋或指令揭示原理原則，或以具體事例，供事業間、同業公會自行評量或預測主管機關將來審查「可永續性協議」聯合行爲之准駁參考。

　　荷蘭競爭法主管機關「消費者與市場局」（Authority for Consumers and Markets, ACM）於 2020 年 6 月頒布、2021 年 1 月修正《消費者與市場局之永續指引》（*Sustainability Guidelines of the ACM*），規範可永續性協議之認定與審核，此指引所規範的「可永續性協議」並不限於環境議題。

　　英國競爭法主管機關「競爭及市場管理局」（Competition and Markets Authority, CMA）則於 2023 年 10 月 12 日頒布《1998 年競爭法有關環境可永續性協議之應用指引》（*Guidance on the Application of the Competition Act 1998 to Environmental Sustainability Agreements*）[4]。

---

[4] Competition and Markets Authority (October 12, 2023), *CMA Launches Green Agreements Guidance to Help Businesses Co-operate on Environmental Goals*,

　　除歐洲國家外，日本競爭法主管機關「公正取引委員會」
也於 2023 年 3 月 31 日制定《爲實現綠色社會的事業活動在
獨占禁止法上的觀點》（グリーン社会の実現に向けた事業者
等の活動に関する独占禁止法上の考え方），並於 2024 年 4
月 24 日修正[5]。此二者則屬以環境議題爲主的可永續性協議之
指導與管制。

　　參酌 ACM 就「可永續性協議」之相關決定，歸納出行政
機關可能准駁「可永續性協議」之四項權衡指標，包括：

① 成本效益之正面平衡：權衡事業間或同業公會實施聯合行
　爲，其所產生的可永續性目標之效益是否高於或與潛在的
　限制競爭負面成本達成平衡。

② 對於消費者的公平分配（fair share of consumers）：可永
　續性協議雖可達成永續發展目標，而對包括消費者在內的
　社會大眾具有整體公共利益。然而因「可永續性協議」所
　達成的利益，該等利益亦須能適當地直接反映在可能受
　影響的消費者身上，始符公平分配原則（fair-share prin-
　ciple）。

③ 未達市場影響力之聯合行爲不予限制：ACM 認爲，如參與
　聯合行爲之事業總市場占有率未達 30%，則推定不具構成
　限制競爭之市場影響力，故不在管制範圍內，此與前述我

---

https://www.gov.uk/government/news/cma-launches-green-agreements-guidance-to-help-businesses-co-operate-on-environmental-goals (last visited: 2023/10/25).

[5] 公正取引委員会，《グリーン社会の実現に向けた事業者等の活動に関する独占禁止法上の考え方」の改定について》（2024年4月24日），https://www.jftc.go.jp/houdou/pressrelease/2024/apr/240424_green.html；英文版可參考https://www.jftc.go.jp/en/pressreleases/yearly-2024/April/240424.html（最後瀏覽日：2024年5月12日），提供實務上諸多預想案例供企業作爲參考。

國公平交易委員會之會議決議設定總市場占有率 10% 的取徑相仿。

④ 可永續性協議並未消除多數事業就重要項目之競爭：ACM 指出，如「可永續性協議」僅就特定內容為一致性行為，不致消除多數事業就重要項目（如價格、數量、技術等）競爭，則傾向不予禁止。

　　另參酌歐盟、英國、荷蘭與日本競爭法主管機關之做法，為使事業得以預見或自行評估其「可永續性協議」是否構成聯合行為、得否取得主管機關聯合行為之例外許可，該等機關均定有不具有強制拘束力的行政指引或指導，以利受規範者得以遵循；並提供事業在申請許可前向主管機關諮詢之機會，以提高申請核准率。以日本「公正取引委員會」為例，此事前諮詢即包括以具體事實為前提的書面諮詢，及以保密方式進行的電話口頭諮詢。

Q4　如事業間或同業公會從事「可永續性協議」，經認定為聯合行為，但未經主管機關例外許可，可能的法律責任為何？

　　事業參與聯合行為而違反《公平交易法》第 15 條者，依據同法第 40 條第 1 項規定，事業可能被公平交易委員會限期令停止、改正其行為或採取必要更正措施，並得處新臺幣 10 萬元以上 5,000 萬元以下罰鍰；屆期仍不停止、改正其行為或

未採取必要更正措施者，得繼續限期令停止、改正其行為或採取必要更正措施，並按次處新臺幣 20 萬元以上 1 億元以下罰鍰，至停止、改正其行為或採取必要更正措施為止。同條第 2 項規定，事業違反《公平交易法》第 15 條，經主管機關認定有情節重大者，得處該事業上一會計年度銷售金額 10% 以下罰鍰，不受第 1 項罰鍰金額限制。前述違法事業如符合《公平交易法》第 35 條規定，得免除或減輕主管機關依第 40 條第 1 項、第 2 項所為之罰鍰處分。

　　依據《公平交易法》第 34 條規定，如違反第 15 條之事業，經公平交易委員會限期令停止、改正其行為或採取必要更正措施，但屆期未停止、改正其行為或未採取必要更正措施，或停止後再為相同違反行為者，處行為人 3 年以下有期徒刑、拘役或科或併科新臺幣 1 億元以下罰金。

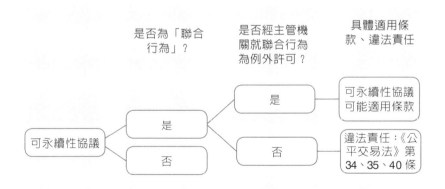

圖 9-1　分析事業間之合作行為涉及聯合行為規範之思考層次

資料來源：筆者繪製。

9-2　事業與消費者關係：ESG廣告不實的競爭法責任

> **Q5** 事業對其商品、服務或其廣告為「洗綠、漂綠」，是否構成「對於與商品相關而足以影響交易決定之事項，為虛偽不實或引人錯誤之表示或表徵」？

　　所謂「洗綠、漂綠」，係指事業假借環境保護的外衣，以膚淺的環保手段來掩飾其不環保的內在作為，或是以虛偽外觀博取友善環境的名聲，但本質上並未採取永續行動或對永續的助益極其有限。

　　《公平交易法》第21條第1項規定：「事業不得在商品或廣告上，或以其他使公眾得知之方法，對於與商品相關而足以影響交易決定之事項，為虛偽不實或引人錯誤之表示或表徵。」同條第2項進一步明定：「前項所定與商品相關而足以影響交易決定之事項，包括商品之價格、數量、品質、內容、製造方法、製造日期、有效期限、使用方法、用途、原產地、製造者、製造地、加工者、加工地，及其他具有招徠效果之相關事項。」同條第3項規定：「事業對於載有前項虛偽不實或引人錯誤表示之商品，不得販賣、運送、輸出或輸入。」同條第4項規定：「前三項規定，於事業之服務準用之。」

　　由上可知，事業不得在商品、服務或其廣告上，對於與商品、服務相關而足以影響交易決定之事項，為虛偽不實或引人

錯誤之表示或表徵。本章以下整理公平交易委員會就「宣稱商品有節能功能」、「使用綠建材」之案例，認定個案是否違反上開規定，謹供參酌。

(1) 案例 1：公平交易委員會公處字第 103011 號處分書

　　被處分人世○城國際行銷有限公司銷售 ESC 省電卡，於對外使用、散發之「綠能環保商機 ESC 省電卡」文宣載有「節省電費 10%～30%」、海報載有「有效節電 10%～30%」、摺頁載有「節省電費介於 10%～30%」、公司人員名片背頁載有「有效節電 10%～30%」等語。

　　然而，依據公平交易委員會請台灣電力股份有限公司出具專業意見表示，電力系統發電與負載隨時保持供需平衡狀態下，無所謂「供電過剩」、「被浪費的能量」，另「突波」、「電磁輻射」與設備消耗能量關聯性並不高，該省電卡雖宣稱可降低電磁波輻射，然面積僅數平方公分，可降低電磁場之範圍及效果有限，但不代表具省電功能。經實測與檢視相關台電電費單資料，均不足以證明係採該省電卡之功效。

　　因此，公平交易委員會認為，被處分人於前揭廣告文宣所載「節省電費 10%～30%」、「有效節電 10%～30%」、「節省電費介於 10% 到 30%」等語並無所據，核屬就「商品之品質」為虛偽不實及引人錯誤之表示，違反《公平交易法》第 21 條第 1 項規定，就此部分，處新臺幣 15 萬元罰鍰。

9

(2) 案例 2：公平交易委員會公處字第 100021 號處分書

　　被處分人振○建設股份有限公司於改制前臺中縣清水鎮銷售「振堡懷石」建案，遭民眾檢舉，其廣告非法轉載「e00000.i00.tw 不○產 e 族」及「綠○子」等網站內容：「簡單的定義，就是『花費最少的資源建造，產生最少的廢棄物』，就是環保的建築工程。……綠建築的意義在於強調人與自然環境的共存而不是一味的開發，其結果造成地球溫室效應的氣候變化，相對的台灣因為大量使用混凝土，造成砂石段亂採與土石流的發生。所以，綠建築將是必然未來的趨勢。」、「自然能源的應用及對自然環境的尊重也成了建築設計的潮流，太陽能的應用、基地土方處理、雨水應用與滲透，乃至造型融入自然及週遭環境，均採用了自然及生態的手法。環保及生態的設計理念也使得庭園設計上，有了另類的思考模式，滯留池……植物淨化池、水塘，更成了庭園中的新元素。」

　　檢舉意旨認為，被處分人執綠房子、綠建築環保之名，行高房價詐騙之實，該建案不符合行政院頒布之「綠建築推動方案」，其所使用之「紅膠防水夾板海島型複合式柚木地板」、「虹牌高級水泥漆」等建材，不具綠建材的資格，且都是有毒的物質，還強調系爭建案是臺灣首座會呼吸的房子，結果是要消費者自行加裝中央空調設備，而非省能綠房子。

　　公平交易委員會審理後，認為廣告文宣僅引用「綠建築」概念來闡述其設計構想，並未直接述明該建物已取得「綠建築標章」，或有冒用「綠建築標章」之嫌；且就被處分人依綠建築推動方案之九大評估指標，而為相關設計、施工之努力整體以觀，系爭廣告宣稱朝「綠建築」方向而努力設計，非無可採。是就系爭廣告所載「綠房子」等內容，尚難謂有使一般消

費者誤認系爭建案獲有「綠建築標章」之虛偽不實或引人錯誤情事。

> **Q6** 事業對其商品、服務或其廣告為「洗綠、漂綠」，如構成「對於與商品相關而足以影響交易決定之事項，為虛偽不實或引人錯誤之表示或表徵」，法律責任為何？

　　依據《公平交易法》第 42 條規定，主管機關對於違反第 21 條規定之事業，得限期令停止、改正其行為或採取必要更正措施，並得處新臺幣 5 萬元以上 2,500 萬元以下罰鍰；屆期仍不停止、改正其行為或未採取必要更正措施者，得繼續限期令停止、改正其行為或採取必要更正措施，並按次處新臺幣 10 萬元以上 5,000 萬元以下罰鍰，至停止、改正其行為或採取必要更正措施為止。

　　惟請注意，「洗綠、漂綠」的問題不僅僅在於事業將永續發展、綠色消費等不實表示或表徵用於商品或廣告上，更常見於事業將相關不實內容積極編造或消極隱匿於其公司年報之公司治理報告（涉及永續發展內容）、募集發行有價證券公開說明書（推動永續發展執行情形及與上市上櫃公司永續發展實務守則差異情形及原因）、編製及申報永續報告書等。本章僅專注於前者之分析；關於後者，依據各該法律及法規均設有不同之法律效果與責任，請詳參本書 Chapter 10 之說明。

9

Memo

....
....
....
....
....
....
....
....
....
....
....
....
....
....
....
....

Chapter 10

ESG 相關法律責任探討

　　在 ESG 浪潮之推進下，國內外紛紛制定永續資訊揭露之法令或規範[1]。在我國，為提高資訊透明度、促進永續經營，並持續強化我國上市（櫃）公司落實社會責任暨提升非財務資訊揭露的程度[2]，證交所及櫃買中心分別定有《上市公司編製與申報永續報告書作業辦法》（下稱「上市公司報告書作業辦法」）及《上櫃公司編製與申報永續報告書作業辦法》（下稱「上櫃公司報告書作業辦法」）（以下合稱「上市／櫃公司報告書作業辦法」）。依該等作業辦法，目前我國實收資本額新臺幣（下同）20 億元以上，或餐飲收入占其全部營業收入之比率達 50% 以上，或屬食品工業、化學工業及金融保險業之上市（櫃）公司，應製作「永續報告書」，並應於永續報告書中揭露涉及環境、勞工、公司治理等資訊，且永續報告書宜經董事會決議通過[3]。

---

[1] 關於國外永續資訊揭露法令或規範之介紹，請參楊佳臻，〈金管會、歐盟2024年永續新制懶人包！看懂永續報告書怎麼寫〉，《聯合報》，2024年1月22日，https://ubrand.udn.com/ubrand/story/12117/7725046（最後瀏覽日：2024年4月26日）。

[2] 金管會，〈公司治理3.0－永續發展藍圖〉，https://www.fsc.gov.tw/fckdowndoc?file=/公司治理3_0-永續發展藍圖.pdf&flag=doc（最後瀏覽日：2024年4月26日）。

[3] 上市公司報告書作業辦法第2條第1項：「上市公司符合下列情事之一者，應依本作業辦法之規定編製與申報中文版本之永續報告書，並宜經董事會決議通過：一、最近一會計年度終了，依據本公司『上市公司產業類別劃分暨調整要點』規定屬食品工業、化學工業及金融保險業者。二、依證券交易法第三十六條規定檢送之最近一會計年度財務報告，餐飲收入占其全部營業收入之比率達百分之五十以上者。三、前二款以外之上市公司。但最近會計年度終了日之實收資本額未達新臺幣二十億元者，得自中華民國一百一十四年適用。」上櫃公司報告書作業辦法第2條第1項：「上櫃公司符合下列情事之一者，應依本作業辦法之規定編製與申報中文版本之永續報告書，並宜經董事

　　企業為了因應法律要求而須揭露上開資訊，抑或為了獲取消費者或投資人之青睞而撰寫永續報告書[4]，但同時在國內外卻引發漂綠、社會漂洗（social washing）之質疑。此時即產生一問題，即公司於永續報告書中揭露不實之資訊，公司及其負責人應負何等法律責任？尤其是否構成證交法上之證券詐欺等責任？

　　除了永續報告書外，依《公開發行公司年報應行記載事項準則》（下稱「年報準則」）第 10 條第 1 項第 4 款第 5 目[5]及《公司募集發行有價證券公開說明書應行記載事項準則》（下稱「公開說明書準則」）第 32 條第 1 項第 5 款[6]，公司應於年報及公開說明書揭露永續發展執行情形，且自 2024 年起，符合一定條件之公司更須於年報及公開說明書中揭露氣候相關資訊。如公司於年報或公開說明書中，就永續發展執行情形或氣

會決議通過：一、最近一會計年度終了，依據本中心『上櫃公司產業類別劃分暨調整要點』規定屬食品工業、化學工業及金融業者。二、依證券交易法第三十六條規定檢送之最近一會計年度財務報告，餐飲收入占其全部營業收入之比率達百分之五十以上者。三、前二款以外之上櫃公司。但最近會計年度終了日之實收資本額未達新臺幣二十億元者，得自中華民國一百一十四年適用。」

[4]　安怡芸，〈公開發行公司永續報告書內容不實之相關法律責任研析〉，《立法院》，2022 年 12 月 28 日，https://www.ly.gov.tw/Pages/Detail.aspx?nodeid=6590&pid=226221（最後瀏覽日：2024 年 4 月 26 日）。

[5]　年報準則第 10 條第 1 項第 4 款第 5 目：「公司治理報告應記載下列事項：……推動永續發展執行情形與與上市上櫃公司永續發展實務守則差異情形及原因（附表二之二之二）；符合一定條件之公司應揭露氣候相關資訊（附表二之二之三）。」

[6]　公開說明書準則第 32 條第 1 項第 5 款：「上市上櫃公司應就公司治理運作情形應記載下列事項：……推動永續發展執行情形及與上市上櫃公司永續發展實務守則差異情形及原因（附表六十三）；符合一定條件之公司應揭露氣候相關資訊（附表六十三之一）。」

10

候相關資訊記載不實，公司及其負責人應負何等法律責任，本章將於此一併探討之。

另外，依上市／櫃公司報告書作業辦法第 4 條第 2 項，食品工業、化學工業、金融保險業及餐飲營收比重達 50% 以上之公司，應取得會計師之確信報告，亦即需要委請會計師進行第三方確信[7]。至於非屬上開規定應取得會計師確信報告之公司，依上市／櫃公司報告書作業辦法問答集第 44 點所示，得自願委任會計師以外之專業機構進行永續報告書之確認、確信或保證。故在此情形下，如會計師就永續報告書的不實內容進行確信時，其應負擔何種法律責任？又會計師以外之專業機構（如顧問公司等）不具會計師身分，其又應負擔何種責任？

再者，除資訊不實可能衍生之法律責任外，永續報告書所揭露之內容，是否會成為公司及其負責人構成其他法律上義務或責任之判斷依據，亦值得探討。經筆者以「企業社會責任報告書」、「CSR Report」、「永續報告書」等關鍵字於司法院法學資料檢索系統查詢，截至 2024 年 4 月 26 日，共查得46 則裁判。其中有三則判決，法院在判斷公司及其負責人是否構成其他法律上義務及責任時，同時也參考了公司所編製之企業社會責任報告書（現為「永續報告書」），此等司法實務見解值得關注。

---

[7] 上市公司報告書作業辦法第4條第2項：「前項之上市公司依據附表一之一至附表一之三揭露所屬產業之永續指標，應取得會計師依財團法人中華民國會計研究發展基金會發布之準則所出具之確信報告。」上櫃公司報告書作業辦法第4條第2項：「前項之上櫃公司依據附表一之一至附表一之三揭露所屬產業之永續指標，應取得會計師依財團法人中華民國會計研究發展基金會發布之準則所出具之確信報告。」

又國際上，有股東以董事未將 ESG 相關之議題，尤其是環境（E）議題，納入公司治理或規劃，未制定符合《巴黎協定》（*Paris Agreement*）內容之氣候風險管理策略，而對董事起訴。關此，在我國，公司是否有制定與環境、氣候相關策略之義務，且此義務是否進而成為董事之義務，同樣值得探討。

最後，本章將介紹國內外逐漸興起之氣候訴訟，簡要說明氣候訴訟之意涵及國內外案例，以及企業可能面臨之風險。

10-1　永續報告書內容不實可能產生的法律責任與義務

> **Q1** 永續報告書內容不實，於證交法上的法律責任？兼論年報及公開說明書資訊不實的法律責任

因我國實務上，目前尚無因永續報告書內容不實，遭法院判決的案例，故本章依學理上的探討，就可能違反之法律規範及產生之法律責任加以分析說明。另外，如前所述，因部分公司依法尚應於年報中揭露氣候相關資訊，故也一併就年報中揭露不實之情形，說明可能產生之法律責任。

10

(1) 永續報告書之定位

按證交法第 20 條第 2 項規定：「發行人依本法規定申報或公告之財務報告及財務業務文件，其內容不得有虛偽或隱匿之情事。」如有違反，依證交法第 20 條之 1 及證交法第 171 條第 1 項第 1 款，應負民事責任及刑事責任。依此可知，上開證交法的適用客體為「依本法規定申報或公告」之「財務報告及財務業務文件」。換言之，永續報告書是否應受上開規定規範，須判斷其是否屬於「依本法規定申報或公告」之「財務報告」、「財務文件」、「業務文件」。

承上，依上市／櫃公司報告書作業辦法問答集第 4 點所示，永續報告書屬非財務資訊[8]，故永續報告書應非屬證交法第 20 條第 2 項之「財務報告」或「財務文件」，應無疑問。但依上市／櫃公司報告書作業辦法第 3 條規定，因永續報告書需要揭露公司所鑑別之經濟、環境及人群（包含人權）重大主題與影響、揭露項目等，故解釋上，永續報告書應屬證交法第 20 條第 2 項之「業務文件」。

但進一步要釐清的是，永續報告書究竟是否屬於「依本法（即證交法）規定申報或公告」的業務文件？此部分應探究證交法第 20 條第 2 項之「依本法（即證交法）規定」的範圍為何，再探究永續報告書的法源依據。

---

[8]　上市公司編製與申報永續報告書作業辦法問答集，https://cgc.twse.com.tw/lawQa/listCh；上櫃公司編製與申報永續報告書作業辦法問答集，https://www.tpex.org.tw/web/csr/content/investment.php?l=zh-tw（最後瀏覽日：2024年4月26日）。

　　關於證交法第 20 條第 2 項所謂「本法（即證交法）規定」，首先應釐清是否僅限於證交法之規定？對此，實務[9] 及學說[10] 上有認為應採廣義解釋，亦即凡依「證交法」或「主管機關依該法（即證交法）命令」者均屬之。至於此處所指「主管機關」，依證交法第 3 條規定，即指「金管會」。

　　關於永續報告書之法源依據，如前所述，永續報告書係依「上市／櫃公司報告書作業辦法」所編製。就上市公司而言，上市公司報告書作業辦法係依「證交所營業細則」第 47 條第 3 項規定[11]，又該營業細則係依「證交法」第 138 條及「證交所章程」第 36 條所制定[12]。就上櫃公司而言，上櫃公司報告書作業辦法係依「櫃買中心證券商營業處所買賣有價證券業務規則」第 11 條第 1 項第 8 款規定制定[13]，該業務規則又係依「證券商營業處所買賣有價證券管理辦法」第 7 條所制定[14]，該管

---

[9] 最高法院111年度台上字第2314號民事判決：「按證交法第20條第2項規定，發行人依本法規定申報或公告之財務報告及財務業務文件，其內容不得有虛偽或隱匿之情事。依其文義，係指『依本法（證交法）』規定應申報或公告之財務報告及財務業務文件，且該已申報或公告之文件內容有虛偽或隱匿者而言；未經申報、公告或非依證交法或其授權訂定之法令規定所為申報或公告之財務業務文件，縱與公司財務業務有關，亦非本項規定所稱之財務業務文件。」

[10] 賴英照，《最新證券交易法解析》（自版，2020年4月），第692頁。

[11] 上市公司報告書作業辦法第1條：「本作業辦法依本公司營業細則第四十七條第三項之規定訂定之。」

[12] 證交所營業細則第1條：「本營業細則，依證券交易法第一百三十八條及本公司章程第三十六條規定訂定之。」

[13] 上櫃公司報告書作業辦法第1條前段：「本作業辦法係依本中心證券商營業處所買賣有價證券業務規則第十一條第一項第八款規定訂定之。」

[14] 櫃買中心證券商營業處所買賣有價證券業務規則第1條：「本規則依證券商營業處所買賣有價證券管理辦法（以下簡稱管理辦法）第七條之規定訂定

10

理辦法則是由「證交法」第 62 條第 2 項制定[15]。由上可知，無論係上市公司或上櫃公司，其編製永續報告書之法源依據皆可追溯至證交法[16]。惟如前述，上市／櫃公司報告書作業辦法係分別由「證交所」及「櫃買中心」頒訂，又證交所為民營公司組織，櫃買中心為財團法人，二者皆非「主管機關」（即金管會），故上市／櫃公司永續報告書作業辦法是否為證交法第 20 條第 2 項所謂「依本法（即證交法）規定」之法規範，實仍有疑問[17]。

(2) 民、刑事責任

　　永續報告書內容如有不實，其民、刑事責任可能涉及之規範為證交法第 20 條第 1 項至第 3 項、第 20 條之 1、第 171 條第 1 項第 1 款及第 174 條第 1 項第 5 款。

　　按證交法第 20 條第 2 項規定：「發行人<u>依本法規定</u>申報或公告之財務報告及財務業務文件，其內容不得有虛偽或隱匿

之。」

[15] 證券商營業處所買賣有價證券管理辦法第1條：「本辦法依證券交易法第六十二條之第二項之規定訂定之。」

[16] 許永欽、李裕勳，〈永續報告書不實之刑事責任探究〉，《當代法律》，第27期，2024年3月，第35頁。

[17] 關於永續報告書之定位，其他相關討論請參黃帥升、黃正欣〈ESG資訊揭露不實之法律責任〉，《當代法律》，第27期，2024年3月，第67頁；陳肇鴻，〈董事會面對ESG目標的治理責任 —— 以金融機構氣候風險管理為例〉，《臺灣財經法學論叢》，第5卷第1期，2023年1月，第249-254頁；莊永丞，〈永續報告書之罪與罰 —— 永續報告書與證券詐欺責任〉，《當代法律》，第27期，2024年3月，第11-13頁。

之情事。」在證交法第 20 條第 2 項規範文件之主要內容有虛偽或隱匿之情形，就民事責任而言，公司及其負責人依證交法第 20 條之 1[18]，應對善意取得人、出賣人或持有人負損害賠償責任。就刑事責任而言，在違反證交法第 20 條第 2 項之情形，依證交法第 171 條第 1 項第 1 款，處 3 年以上 10 年以下有期徒刑，得併科新臺幣 1,000 萬元以上 2 億元以下罰金。

　　此外，按證交法第 174 條第 1 項第 5 款規定：「有下列情事之一者，處一年以上七年以下有期徒刑，得併科新臺幣二千萬元以下罰金：五、發行人、公開收購人、證券商、證券商同業公會、證券交易所或第十八條所定之事業，於依法或主管機關基於法律所發布之命令規定之帳簿、表冊、傳票、財務報告或其他有關業務文件之內容有虛偽之記載。」就虛偽記載訂有相關刑責。

　　然無論是證交法第 20 條之 1 所規定之民事損害賠償責任，或是證交法第 171 條第 1 項第 1 款及第 174 條第 1 項第 5 款所規定之刑事責任，皆以該文件係「依證交法或主管機關命令製作」為前提要件。故有無構成民刑事責任，重點仍應回歸前述永續報告書定位之討論。如永續報告書屬公司依證交法或主管機關命令公告申報之業務文件，在其有主要內容不實之情形時，即有構成上開條文所規定之民刑事責任之可能；惟若認為永續報告書只是上市（櫃）公司，依非主管機關之證交所

---

[18] 證交法第20條之1第1項：「前條第二項之財務報告及財務業務文件或依第三十六條第一項公告申報之財務報告，其主要內容有虛偽或隱匿之情事，下列各款之人，對於發行人所發行有價證券之善意取得人、出賣人或持有人因而所受之損害，應負賠償責任：一、發行人及其負責人。二、發行人之職員，曾在財務報告或財務業務文件上簽名或蓋章者。」

及櫃買中心要求所編製之文書，則縱使其揭露之資訊有所不實，亦可能不該當前述之民事及刑事責任[19]。

除上開條文外，我國尚有證券詐欺之帝王、一般性條款，即證交法第20條第1項。該條規定：「有價證券之募集、發行、私募或買賣，不得有虛偽、詐欺或其他足致他人誤信之行為。」違反者，就民事責任而言，應依同條第3項規定，對該有價證券之善意取得人或出賣人因而所受之損害，負賠償責任；就刑事責任而言，依證交法第171條第1項第1款，可處3年以上10年以下有期徒刑，且得併科新臺幣1,000萬元以上2億元以下罰金。因證交法第20條第1項之適用範圍涵蓋所有初級市場及次級市場之行為，故倘公司藉永續報告書中的不實資訊，致使投資人因此買賣或私募公司股份，依現行學說見解，或可能有證交法第20條第1項之適用，而有前述民事及刑事責任[20]。

(3) 年報及公開說明書資訊不實之法律責任

依年報準則第10條第1項第4款第5目及公開說明書準則第32條第1項第5款，公司應於年報及公開說明書揭露永續發展執行情形，且自2024年起，符合一定條件之公司須於年報及公開說明書中揭露氣候相關資訊。

如公司於年報或公開說明書中，就永續發展執行情形或氣候相關資訊記載不實，不同於上開永續報告書有其性質定

[19] 黃帥升、黃正欣，同註17，第67-68頁。
[20] 莊永丞，同註17，第13頁；黃帥升、黃正欣，同註17，第68頁。

位的問題，因年報為證交法第 36 條第 1 項第 1 款規定之財務報告[21]，故投資人可依證交法第 20 條之 1 規定求償。且違反證交法第 20 條第 2 項規定者，應負第 171 條第 1 項第 1 款之刑事責任，可處 3 年以上 10 年以下有期徒刑，且得併科新臺幣 1,000 萬元以上 2 億元以下罰金。

就公開說明書而言，倘公開說明書之主要內容有虛偽或隱匿之情事，投資人可依證交法第 32 條第 1 項求償[22]，且違反證交法第 32 條第 1 項之情事者，應負證交法第 174 條第 1 項第 3 款之刑事責任，可處 1 年以上 7 年以下有期徒刑，且得併科新臺幣 2,000 萬元以下罰金。

Q2　第三方認證機構的法律責任？

如前述，依上市／櫃公司報告書作業辦法第 4 條第 2 項，食品工業、化學工業、金融保險業及餐飲營收比重達 50% 以上之公司，應取得會計師之確信報告。至於非屬上開規定應取得會計師確信報告之公司，得自願委任會計師以外之專業機構

---

[21] 證交法第36條第1項第1款：「已依本法發行有價證券之公司，除情形特殊，經主管機關另予規定者外，應依下列規定公告並向主管機關申報：一、於每會計年度終了後三個月內，公告並申報由董事長、經理人及會計主管簽名或蓋章，並經會計師查核簽證、董事會通過及監察人承認之年度財務報告。」

[22] 證交法第32條第1項：「前條之公開說明書，其應記載之主要內容有虛偽或隱匿之情事者，左列各款之人，對於善意之相對人，因而所受之損害，應就其所應負責部分與公司負連帶賠償責任：……」

進行永續報告書之確認、確信或保證。

　　換言之，依我國現行法令規範，就永續報告書經第三方認證乙事，可分為「強制性」及「非強制性（自願性）」。在依法強制性進行第三方驗證之情形，公司應取得「會計師」確信之報告；在非強制性（自願性）進行第三方驗證之情形，公司得委請「會計師以外之專業機構」進行確認。

　　至於在永續報告書資訊不實，且經過第三方認證之情形，上開會計師及會計師以外之專業機構，應負何等法律責任，謹說明如下。

(1) 會計師之法律責任

　　經會計師進行確信之永續報告書如有內容不實，依會計師法第 41 條、第 42 條及證交法第 20 條之 1 等規定，會計師可能須負民事損害賠償、懲戒等法律責任：

① 按會計師法第 41 條及第 42 條第 1 項規定：「會計師執行業務不得有不正當行為或違反或廢弛其業務上應盡之義務。」、「會計師因前條情事致指定人、委託人、受查人或利害關係人受有損害者，負賠償責任。」可知，如會計師就內容不實之永續報告書仍進行確信，可能會構成不正當行為或屬違反或廢弛其業務上應盡之義務，且如進而造成委託人（即公司）及利害關係人受有損害，則應負民事賠償責任。

② 如前所述，倘永續報告書屬證交法第 20 條第 2 項之業務文件，則會計師應依證交法第 20 條之 1 第 3 項之規定：「會

計師辦理第一項財務報告或財務業務文件之簽證，有不正
當行爲或違反或廢弛其業務上應盡之義務，致第一項之損
害發生者，負賠償責任。」對有價證券之善意取得人、出
賣人或持有人負損害賠償責任。

(2) 會計師以外之專業機構（如顧問公司）之法律責任

　　相較於會計師法及證交法第 20 條之 1 明確規定會計師爲
法律適用主體，如顧問公司等會計師以外之專業機構，明知永
續報告書內容不實仍進行確信，其應負何種法律責任，目前欠
缺相關明文規定[23]。

　　對此，有論者認爲，依據證交法第 20 條之 1 規定，顧問
公司等會計師以外之專業機構雖不屬於發行人、負責人、職員
及會計師，但仍可能構成證交法第 20 條之 1 第 1 項之「曾在
財務業務文件上簽名」之人，進而可能須對有價證券之善意取
得人、出賣人或持有人負損害賠償責任[24]。

---

[23] 方元沂，〈上市櫃公司的E.S.G.資訊揭露法律風險〉，《當代法律》，第22
　　期，2023年10月，第86頁。

[24] 鄭藝懷，〈ESG的典範移轉or失焦反挫？〉，載於《112年會員大會暨舞弊防
　　治與鑑識會計高峰論壇論文集》（財團法人台灣舞弊防治與鑑識協會，2023
　　年），第94頁。

10-2 其他與ESG相關之法律上義務與責任

Q3 永續報告書所記載之內容，對公司及其負責人可能構成之其他法律上義務或責任？

　　除資訊不實可能衍生之法律責任外，永續報告書所揭露之內容，對公司及其負責人可能構成之法律上義務或責任有何影響？永續報告書是否會成為其等於法律上義務或責任之具體判斷依據？亦值得探討。

　　經於司法院法學資料檢索系統查詢，目前尚無法院依永續報告書所揭露之內容作成裁判。惟就永續報告書之前身，即企業社會責任報告書，經查目前至少有三則判決有關，顯示法院在判斷公司及其負責人可能構成之法律上義務及責任時，曾參考了公司所編製之企業社會責任報告書（現為永續報告書）：

(1) 案例1：高雄氣爆案

　　在著名的高雄氣爆案中，法院因被告公司曾於企業社會責任報告書中，記載其設有長途管線安全強化及地下管線維護保養制度，而認定被告公司之代表人有監督管線安全檢測之義務，將董事之注意義務具體化至監督管線之安全檢測：

　　「我國上市櫃公司為求企業社會形象良好，皆多會自行出版 CSR Report（企業社會責任報告書），以表示其願承擔企

業社會責任。經查：被告榮化公司 2014 發行之 CSR Report（企業社會責任報告書）記載『廠內成立直屬廠長之長途管線管理室』、『(二) 長途管線安全強化；①就 3 維護面而言，包括：緊密電位和滿電流檢測、管線巡檢、管線開挖、管線耐壓測試、陰極防蝕檢測、管線電流測繪。(三) 地下管線的維護保養制度，有含：①定期委外依照國際規範 API-570 所規範內容進行管線耐壓測試認證。②定期進行緊密電位（CIPS）(四) 委請國內外專家查核驗證並確認相關改善成效及持續改善空間，近期大社廠也邀請外部專家，由外部思維（out-side-in）借重其專業及豐富的經驗，輔導本廠依 API 規範，重新將全廠管線設備進行分級管理，並重新檢討、訂定優化管線設備檢測計畫，全面升級為國際級安全系統，確保工廠生產設備安全性持續改善成效，全面檢討及優化廠內外石化原料輸送管線之安全性』……。足證被告榮化公司肯認地下管線的維護保養並非被告中油公司之義務，且非僅大社廠之業務，總公司亦須對此進行監督，方會於其自行發行之 2014 CSR Report（企業社會責任報告書）為上述之記載。被告李謀偉為被告榮化公司之代表人、被告王溪洲為被告榮化公司大社廠之管理人，自有遵循上述企業社會責任報告書所載監督所屬執行管線安全檢測之義務。」[25]

---

[25] 臺灣高雄地方法院105年度重訴字第45號民事判決。其他相關判決如臺灣高雄地方法院108年度訴字第1214號民事判決。

(2) 案例2：茂迪案

在本案，上訴人公司於網路上公開其企業社會責任報告書，並於企業社會責任報告書中宣示年終獎金為固定薪資，法院據此即認定上訴人有意將年終獎金固定化為薪酬之一部，並以企業社會責任報告書之內容補充解釋上訴人公司與被上訴人員工間勞動契約之約定：

「上訴人於 102 年茂迪企業社會責任報告書記載『茂迪員工薪酬福利。固定薪資：固定 14 個月年薪』，縱使在 103 年度之企業社會責任報告書中，上訴人就固定薪資文字修正為『12 個月及 2 個月年終獎金』，但仍將『年終獎金』列為『固定薪資』之欄位下，而與其他變動薪資分列而論，足認上訴人就『年終獎金』之解釋，在員工工資政策上已明確將年終獎金制度固定化為工資之一部，且同時以此為誘因招聘員工。……上訴人雖主張企業社會責任報告書僅係表明上訴人整體經營方向、策略及營運方針，且被上訴人至上訴人任職時並無該企業社會責任報告書，報告書內所載 14 個月年薪無可能屬兩造合意之勞動契約內容等語，惟上訴人既自陳其將企業社會責任報告書公開於網站上，彰顯上訴人自己對於其發給員工款項性質之真意，當係上訴人有意將 2 個月年終獎金固定化為薪酬之一部，否則當無在公開文件、網站如此宣示之必要。」[26]

---

[26] 臺灣臺南地方法院108年度勞簡上字第8號民事判決。其他相關判決如臺灣臺南地方法院108年度勞小上字第10號民事裁定、臺灣臺南地方法院108年度勞簡上字第10號民事判決。

(3) 案例3：台灣大車隊案

　　在判斷《民法》第 188 條「事實上僱傭關係」此一法律構成要件上，曾有法院因被告公司之企業社會責任報告書記載，原告司機須受被告公司監督並依被告公司之指示受訓等，而認定原告司機與被告公司間存在事實上僱傭關係，被告公司並應就原告司機之過失行為，連帶負損害賠償責任：

　　「按受僱人因執行職務，不法侵害他人之權利者，由僱用人與行為人連帶負損害賠償責任，民法第 188 條第 1 項前段定有明文……復參以被告台灣大車隊公司之企業社會責任報告書中記載略以：『……3G 衛星定位派遣＋ 24 小時行車監控，安全無虞……台灣大車隊精選舒適寬敞的車輛，每位司機隊員皆定期接受服務禮儀訓練課程……設立顧客投訴管道，並建立消費賠償申請程序，本公司訂有『客戶抱怨處理辦法』，明載客戶投訴管道及處理程序……』等語（見本院卷第 232、242 頁）；且被告台灣大車隊公司亦不否認有要求司機服儀要整齊（見本院卷第 193 頁），足見被告台灣大車隊公司對被告吳明豐有選任、管理與指揮監督其載客行為、及如何提供乘客運輸服務之具體規範，並限制不得同時委託其他計程車客運服務業者，且建立申訴機制，被告吳明豐在提供乘客運輸服務時自主性甚低。……從而，被告上誼公司、台灣大車隊公司自應就受僱人即被告吳明豐之前述過失行為，各與被告吳明豐連帶負損害賠償責任……」[27]

10

---

[27] 臺灣士林地方法院105年度訴字第1692號民事判決。

　　由上開判決見解可知，企業社會責任報告書之內容，甚至或永續報告書之內容，可能成為法院在判斷公司或其負責人是否構成其他法律上或契約上所規定之義務或其他法律上責任之判斷基礎。惟上開判決只是目前我國少數將企業社會責任報告書納入裁判基礎之實務見解，其是否會成為我國司法實務之審判趨勢，仍有待未來持續觀察。

 Q4　永續發展或 ESG 事項對公司及董事義務／責任可能之影響？

　　在國際上，即曾有股東對於董事未能採取妥適的氣候變遷因應策略，而提起訴訟。例如，在英國，非營利機構 ClientEarth 於 2023 年即以股東身分，向石油殼牌公司 Shell Plc（下稱殼牌公司）之 11 位董事提起訴訟，主張殼牌公司之董事未能使殼牌公司制定適當的碳排放目標，亦未採用符合《巴黎協定》所揭示之控制全球均溫升溫幅度在 1.5 度的氣候風險管理策略[28]，故其等違反董事義務。

　　然上開案例是否可能發生於我國，值得探討。囿於本章篇幅[29]，以下僅以《巴黎協定》所規定之控制全球均溫升溫幅度

---

[28] *ClientEarth v. Shell's Board of Directors*, https://climatecasechart.com/non-us-case/clientearth-v-shells-board-of-directors/ (last visited: 2024/4/26).

[29] 關於ESG對於董事義務之影響，相關討論可參莊永丞，〈從我國公司董事之監督義務探討ESG之光與影〉，《月旦法學雜誌》，第342期，2023年11

在 1.5 度之要求為例，探討我國董事是否有依《公司法》第 1 條第 2 項規定[30]，制定相應之氣候風險管理策略之義務。

　　關於上開問題，由於《巴黎協定》並非我國法令，故此時須判斷《巴黎協定》關於全球均溫升溫幅度控制於 1.5 度之內容，是否為《公司法》第 1 條第 2 項「商業倫理規範」之一部分？按《公司法》第 1 條第 2 項之立法理由揭示，公司在法律設計上被賦予法人格後，其中一個層面之意義在於公司能永續經營，且公司為社會之一分子，應負社會責任。從而，遵守商業倫理規範以善盡其社會責任，亦為公司及董事應盡之義務。查《巴黎協定》屬於環境相關之國際準則，又我國《上市上櫃公司永續發展實務守則》第 11 條規定：「上市上櫃公司應遵循環境相關法規及相關之國際準則……」，故《巴黎協定》之內容屬於該守則之規範對象。在此情形，如認該守則屬於《公司法》第 1 條第 2 項之「商業倫理規範」，則《巴黎協定》關於控制全球均溫升溫幅度於 1.5 度之揭示或可能因此成為公司應遵循之義務及董事之忠實義務[31]。如董事對於公司業務之執行，違反《巴黎協定》關於控制全球均溫升溫幅度於 1.5 度之要求，而致公司受有損害，或無法排除須依《公司法》第 23 條第 1 項負損害賠償責任之可能。

月，第71-89頁；陳肇鴻，同註17；黃朝琮，〈董事監督義務及其於ESG之應用〉，《臺北大學法學論叢》，127期，2023年9月，第67-150頁。

[30] 《公司法》第1條第2項：「公司經營業務，應遵守法令及商業倫理規範，得採行增進公共利益之行為，以善盡其社會責任。」

[31] 相關討論請參簡凱倫，〈氣候漂綠與永續報告書的制度性癥結——法律風險與應對模式〉，載於《ESG浪潮與國際氣候訴訟態勢——臺灣的反思與應對研討會論文集》（2023年），第11頁。

Q5 什麼是氣候訴訟？企業的風險何在？

　　所謂氣候訴訟（climate litigation），又或稱氣候變遷訴訟（climate change litigation），顧名思義，即是指與氣候變遷相關的訴訟。爲便於理解，有學者將氣候訴訟採取層級化分類，依氣候變遷與訴訟間關聯性高低，由高至低（即圖 10-1 由內自外）分別四個層次：[32]

(1) 以氣候變遷作爲訴訟標的內容的訴訟。

(2) 不以氣候變遷作爲訴訟標的內容，但作爲次要的訴訟內容的訴訟。

(3) 氣候變遷雖未顯現於訴訟上，但爲原告起訴的動機。

(4) 氣候變遷雖未顯現於訴訟上且原告起訴動機也與氣候變遷無關，但判決結果將影響溫室氣體減量與調適的訴訟。

---

[32] Jacqueline Peel & Hari M. Osofsky (2020), "Climate Change Litigation," *Annual Review of Law and Social Sciene*, 16, pp. 23-24. 關於氣候訴訟概念之理解，我國則有學者以訴訟目標爲導向，描繪出氣候訴訟圖譜，亦值參考，請參李建良，〈氣候變遷與法律變革——變遷中的法律思維〉，《台灣法律人》，第31期，2024年1月，第7-10頁。

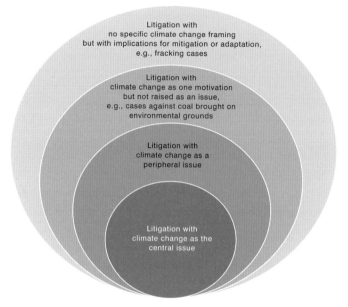

圖 10-1　學者主張之層級化氣候訴訟

資料來源：Jacqueline Peel & Hari M. Osofsky (2020), "Climate Change Litigation," *Annual Review of Law and Social Science*, 16, pp. 23-24.

　　目前，氣候訴訟主要發展於美國、澳洲、英國、德國等[33]，且無論判決的結果是勝訴或敗訴，皆已累積不少訴訟上的成果和經驗。經典案例有：德國民眾等針對《德國聯邦氣候

---

[33] Joana Setzer & Catherine Higham (June 29, 2023), *Global Trends in Climate Change Litigation: 2023 Snapshot* (Grantham Research Institute on Climate Change and the Environment and Centre for Climate Change Economics and Policy, London School of Economics and Political Science), https://www.lse.ac.uk/granthaminstitute/publication/global-trends-in-climate-change-litigation-2023-snapshot/ (last visited: 2024/4/26).

保護法》，向聯邦憲法法院提起違憲訴訟案[34]；美國青少年就
州政府之能源政策侵害其享有乾淨且健康環境憲法權利，而對
州政府提起訴訟[35]；荷蘭 Urgenda 基金會就荷蘭政府有減碳義
務，而對荷蘭政府提起訴訟[36]；法國環保團體因法國政府消極
對抗氣候變遷，而對法國政府起訴請求損害賠償[37]；數個 NGO
組織等主張荷蘭殼牌公司碳排行為構成侵權行為，而起訴請求
殼牌公司減少碳排放量（下稱荷蘭殼牌公司案）[38]。其中，荷蘭
殼牌公司案不同於大多數以公部門為被告之氣候訴訟，其屬於
公民團體及民眾對私部門之「私對私」的訴訟，將私人企業作
為氣候訴訟之對象[39]，開創氣候訴訟之新型態。本章 Q4 所述之
股東告董事之英國案例，即是屬於此種私對私之氣候訴訟。

　　在我國，相較於國外豐富之氣候訴訟，目前可歸類於第一
層次之氣候訴訟只有二件。其一，為臺北高等行政法院 110 年
度訴字第 134 號裁定。在該案中，綠色和平基金會等原告以
經濟部為被告，主張經濟部訂定之《一定契約容量以上之電力

---

[34] *Neubauer, et al. v. Germany*, https://climatecasechart.com/non-us-case/neubauer-et-al-v-germany/ (last visited: 2024/4/26).

[35] *Held v. Montana*, https://climatecasechart.com/case/11091/ (last visited: 2024/4/26).

[36] *Urgenda Foundation v. State of the Netherlands*, http://climatecasechart.com/non-us-case/urgenda-foundation-v-kingdom-of-the-netherlands/ (last visited: 2024/4/26).

[37] *Notre Affaire à Tous and Others v. France*, http://climatecasechart.com/non-us-case/notre-affaire-a-tous-and-others-v-france/ (last visited: 2024/4/26).

[38] *Milieudefensie et al. v. Royal Dutch Shell plc.*, http://climatecasechart.com/non-us-case/milieudefensie-et-al-v-royal-dutch-shell-plc/(last visited: 2024/4/26).

[39] 林春元，〈全球淨零排放趨勢下，企業的因應與法律佈局〉，《當代法律》，第 5 期，2022 年 5 月，第 18 頁。

用戶應設置再生能源發電設備管理辦法》侵害人民基本生存權利之訴訟。其二，為我國第一起氣候憲法訴訟。於該案中，環境權保障基金會、多位農漁民及民間團體等原告，主張立法者就《氣候變遷因應法》未明定國家短中期減碳目標，違反法律保留原則，且我國目前《憲法訴訟法》未賦予人民救濟途徑，侵害人民訴訟權而屬違憲，向憲法法庭提起憲法訴訟[40]。

　　由上可知，我國目前之氣候訴訟尚處於私人對公部門之「私對公」型態。至於我國未來是否可能會發生與國際趨勢相同，出現人民或團體以企業或其董事為被告之「私對私」的氣候訴訟，則仍有待觀察。惟無論如何，重視永續發展並制定相應之管理策略已然成為公司無可避免之治理事項，而有注意並提早準備之必要。

---

[40] 李蘇竣，〈首宗！《氣候法》未制定中期減碳目標被控違憲〉，《環境資訊中心》，2024年1月30日，https://e-info.org.tw/node/238439（最後瀏覽日：2024年4月26日）。

Memo

執筆者介紹

	執筆時職務	執筆
陳文智	萬國法律事務所合夥律師	Chapter 1 Chapter 5
洪邦桓	萬國法律事務所合夥律師	Chapter 2
林妙蓉	萬國法律事務所資深律師	
陳誌泓	萬國法律事務所合夥律師	Chapter 3
周致玄	萬國法律事務所律師	
林子堯[1]	萬國法律事務所資深律師	Chapter 4 Chapter 7
吳采模	萬國法律事務所助理合夥律師	Chapter 6
謝昕宸	萬國法律事務所律師	Chapter 7
劉青青	萬國法律事務所律師	Chapter 8
趙珮怡	萬國法律事務所助理合夥律師	Chapter 9
吳家欣	萬國法律事務所資深律師	
陳一銘	萬國法律事務所合夥律師	Chapter 10
張靖慈	萬國法律事務所律師	

---

[1] 本書出版時，已自萬國法律事務所離職。

Memo

....
....
....
....
....
....
....
....
....
....
....
....
....
....
....

Memo

Memo

Memo

Memo

Memo

國家圖書館出版品預行編目資料

ESG與現代法律實務——律師想早點告訴你的
事／萬國法律事務所著.--初版--.--臺北
市：五南圖書出版股份有限公司,2024.08
面；　公分.

ISBN 978-626-393-599-0（平裝）

1.CST: 企業社會學　2.CST: 永續發展
3.CST: 法規

490.15　　　　　　　　　　113010859

4U40

ESG與現代法律實務
——律師想早點告訴你的事

作　　　者	萬國法律事務所
企劃主編	劉靜芬
責任編輯	黃郁婷
文字校對	楊婷竹
封面設計	封怡彤
出　版　者	五南圖書出版股份有限公司
發　行　人	楊榮川
總　經　理	楊士清
總　編　輯	楊秀麗
地　　　址	106台北市大安區和平東路二段339號4樓
電　　　話	(02)2705-5066　傳　　真：(02)2706-6100
網　　　址	https://www.wunan.com.tw
電子郵件	wunan@wunan.com.tw
劃撥帳號	01068953
戶　　　名	五南圖書出版股份有限公司

法律顧問　林勝安律師

出版日期　2024年 8 月初版一刷

定　　　價　新臺幣320元

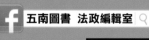

專業解決方案與服務

為因應氣候變遷、環境衝擊等「實體風險」及法規更新、碳稅課徵等「轉型風險」，本所從「永續發展之風險及法令遵循」、「永續發展之執行與揭露」到「永續發展之風險及紛爭處理」，針對企業不同階段所面臨的不同需求，提供全面且深入的專業法律服務。

實體風險
氣候變遷、環境衝擊

轉型風險
法規更新、碳稅課徵

永續發展之風險及法令遵循

永續發展之執行與揭露

永續發展之風險及紛爭處理

萬國法律事務所的專業法律服務：

1. 協助客戶管控風險。
2. 實際執行ESG策略及揭露。
3. 處理ESG相關紛爭及爭議。

ESG已是現在進行式，本所陪伴客戶及早預見並規劃ESG策略，助您領先群倫、決勝千里，讓企業永續發展、穩健前行。

五南文化事業

ISBN 978-626-393-599-0 (490)
00320

9 786263 935990

五南圖書出版公司